Erdkunde ABI Prüfungstrainer

Herausgeber:

Walter Kleesattel

Autorinnen und Autoren:

Steffen Bender, Steffen Hunecke, Martin Lindner, Ursula Menzel, Michael Ostermann, Anke Richert, Jürgen Tenbrock

Erdkunde

ABI Prüfungstrainer

Von Walter Kleesattel (Hrsg.)

Cornelsen
SCRIPTOR

Die in diesem Werk angegebenen Internetadressen haben wir geprüft (Redaktionsschluss April 2008). Dennoch können wir nicht ausschließen, dass unter einer solchen Adresse inzwischen ein ganz anderer Inhalt angeboten wird.
Nicht in allen Fällen war es uns möglich, den Rechteinhaber zu ermitteln. Berechtigte Ansprüche werden im üblichen Rahmen abgegolten.
Systemvoraussetzungen für die Benutzung der CD-ROM:
- Pentium-PC mit Windows 2000 Professional, Windows XP Home & Professional, Windows Vista Home Basic, Home Premium, Business, Enterprise, Ultimate
- Bildschirmauflösung 1024 x 768 Pixel mit mindestens 16 Bit und empfohlenen 24 Bit Farbtiefe, CD-ROM-Laufwerk

www.cornelsen.de

Bibliografische Information: Die Deutsche Bibliothek verzeichnet diese Publikation in der Deutschen Nationalbibliografie; detaillierte bibliografische Daten sind im Internet über http://dnb.ddb.de abrufbar.

Dieser Band folgt den Regeln der deutschen Rechtschreibung, die seit August 2006 gelten. Ausnahmen bilden Texte, bei denen künstlerische, philologische oder lizenzrechtliche oder andere Gründe einer Änderung entgegenstehen.

5. 4. 3. 2. 1. Die letzten Ziffern bezeichnen
12 11 10 09 08 Zahl und Jahr der Auflage.

Projektleitung: Uta Kural, Dorothee Weylandt, Berlin
Redaktion: lüra – Klemt & Mues GbR, Wuppertal
Herstellung: Brigitte Bredow, Uwe Pahnke, Berlin
Zeichnungen: R. J. Fischer, Berlin
Umschlagentwurf: Patricia Müller, Berlin
Konzeption der Innengestaltung / Gesamtgestaltung: Dagmar und Torsten Lemme, Berlin
CD-ROM-Realisierung: Technik und Medien, Berlin
Druck und Bindearbeiten: orthdruk, Białystok Polen
Printed in Poland
ISBN 978-3-589-225293

Gedruckt auf säurefreiem Papier,
umweltschonend hergestellt aus chlorfrei gebleichten Faserstoffen.

So macht man Abi 9

Lernmanagement

1 **Lernmanagement – Die Einführung** 11
2 **Motivation und Selbstmanagement** 12
3 **Die Zeiteinteilung beim Lernen** 13
4 **Die Organisation des Lernens** 13
4.1 Der Lernplan: Informationen auswählen 13
4.2 Informationen speichern: Die Lerntechniken 15
5 **Die Darstellung des Gelernten** 17

Abitur im Fach Erdkunde

1 **Anforderungen und Kompetenzen** 18
1.1 Fachliche und methodische Kompetenzen 18
Sachkompetenz 19
Orientierungskompetenz 20
Darstellungskompetenz 20
Sozialkompetenz 21
1.2 Elemente der Aufgabenstellung in Erdkunde 22
1.3 Anforderungsbereiche 23
2 **Methodenkompetenz** 26
2.1 Die Arbeit mit Karten 26
2.2 Die Arbeit mit Tabellen und Statistiken 29
2.3 Diagramme 31
3 **Operatoren – wissen, was zu tun ist** 37
3.1 Operatoren im Anforderungsbereich I 38
3.2 Operatoren im Anforderungsbereich II 39
3.3 Operatoren im Anforderungsbereich III 42
4 **Die mündliche Prüfung** 44

Original-Aufgaben und Aktiv-Lösungen

	A	**Geoökosysteme der Erde**		
1	**A1**	Geomorphologische Grundlagen	Fließendes Wasser als formbildende Kraft	50
2	**A2**	Atmosphärische Grundlagen	Südkorea: Klima und Naturraum	CD
3	**A3**	Bodenökologische Grundlagen	Die Wälder der Erde – Klima und Boden	58
4	**A4**	Geoökosysteme und Landnutzung	Spanien: Naturraum, Wasserwirtschaft und Landwirtschaft	64
	B	**Disparitäten und Verflechtungen**		
5	**B1**	Sozioökonomischer Entwicklungsstand	Ägypten – Tourismus und Bevölkerungs- und Stadtentwicklung	72
6	**B2**	Globale Beziehungen	Erdöl – Höhenflug und Talfahrt	CD
7	**B3**	Wachstumsräume	Zukunftsfähige Entwicklung durch Energierohstoffe? – Das Beispiel des Emirates Dubai	80
	C	**Europa und die europäische Integration**		
8	**C1**	Der europäische Wirtschaftsraum	„Europa“ wird größer und komplizierter	96
9	**C2**	Der europäische Wirtschaftsraum	Strukturwandel altindustrialisierter Regionen am Beispiel der Industrieregion Saarland/Lothringen	CD
10	**C3**	Regionale Disparitäten in der EU	Räumliche Disparitäten in der EU	112
11	**C4**	Regionale Disparitäten in der EU	Andalusiens Stellung in der EU	CD

	D	**Siedlungsentwicklung und Raumordnung**		
12	**D1**	Entwicklung von Siedlungsgebieten	Vancouver – Stadtentwicklung an der Schwelle zum 21. Jahrhundert	126
13	**D2**	Raumordnung und Stadtplanung	Umbau von Großwohnsiedlungen – Das Beispiel Berlin-Marzahn	138
14	**D3**	Raumordnung und Stadtplanung	Raumordnung in Metropolregionen von Entwicklungsländern – Das Beispiel Kairo	154
	E	**Ausgewählte globale Problemfelder**		
15	**E1**	Globaler Tourismus	Mallorca (Balearen) – Tourismus als Entwicklungsfaktor?	166
16	**E2**	Demographische Entwicklung und Verstädterung	Bevölkerungsentwicklung und -struktur in Mecklenburg-Vorpommern	CD
17	**E3**	Süßwasser als begrenzte Ressource	Süßwasserressourcen	182
18	**E4**	Klimawandel	Auswirkungen des Klimawandels auf den Golfstrom	190
19	**E5**	Globalisierung der Wirtschaft	Die Automobilindustrie in China	198
20	**E6**	Globalisierung der Wirtschaft	Der Computerhersteller DELL® als Global Player	210

Abitur-Steckbriefe

1 Baden-Württemberg .... CD
2 Bayern .... CD
3 Berlin .... CD
4 Brandenburg .... CD
5 Bremen .... CD
6 Hamburg .... CD
7 Hessen .... CD
8 Mecklenburg-Vorpommern .... CD
9 Niedersachsen .... CD
10 Nordrhein-Westfalen .... CD
11 Rheinland-Pfalz .... CD
12 Saarland .... CD
13 Sachsen .... CD
14 Sachsen-Anhalt .... CD
15 Schleswig-Holstein .... CD
16 Thüringen .... CD

Service

Abbildungen und Texte 216
Verwendete Original-Prüfungen 218
Index 219

So macht man Abi

Der ABI PRÜFUNGSTRAINER ERDKUNDE ermöglicht Ihnen eine gezielte Abiturvorbereitung: Im Mittelpunkt steht das Training anhand aktueller Original-Prüfungen. Darüber hinaus erhalten Sie Tipps zur Optimierung Ihrer Lernprozesse und Hintergrundwissen zu den Regelungen im Abitur.

Im Kapitel **Lernmanagement** erfahren Sie, wie Sie effektiv lernen und die zur Verfügung stehende Lernzeit sinnvoll einteilen.
Das Kapitel **Abitur im Fach Erdkunde** informiert Sie über alle wichtigen Abiturbestimmungen. Hier sind die bundesweit gültigen, für das Abitur relevanten Vorgaben der EPA Geographie (*Einheitliche Prüfungsanforderungen Abitur Geographie* der Kultusminister) zusammengefasst, die der Konzeption dieses Prüfungstrainers zugrunde liegen. Besonders hilfreich ist der Abschnitt zu den **Operatoren,** in dem Ihnen die Aufgabenformulierungen erläutert werden.
Die Informationen im Abschnitt zur **Methodenkompetenz** zeigen Ihnen, worauf Sie achten müssen.

Im Hauptteil bietet der ABI PRÜFUNGSTRAINER aktuelle Original-Abiturprüfungen und Original-Prüfungsaufgaben und zeigt Ihnen, wie Sie diese sinnvoll für Ihre Prüfungsvorbereitung einsetzen können. Für Ihr Training wurden die Original-Prüfungen sorgfältig ausgewählt und nach diesen Kriterien sortiert:
- die wichtigsten Aufgabentypen,
- die häufigsten Themengebiete und
- die nützlichsten Lösungsstrategien.

Prüfungen und Aktiv-Lösungen folgen immer dem gleichen Aufbauprinzip.
In den **Original-Aufgaben** finden Sie authentische Aufgabenstellungen und Materialien/Quellen.
Die **Tabelle** zu Beginn jeder Original-Prüfung bietet Ihnen eine rasche Orientierung: Das Fachgebiet, das Kapitel, das Thema der Prüfung, weitere Themenbereiche sowie das Leistungsniveau sind schnell erkennbar.

Ausführliche **Aktiv-Lösungen** folgen auf jede Original-Prüfungsaufgabe:
→ Die **Anforderungsbereiche** geben Ihnen Hinweise auf den Schwierigkeitsgrad und damit die Bewertung der einzelnen Teilaufgaben.
→ Die **Checkliste zur Selbsteinschätzung** verzeichnet Wissen und Kompetenzen, über die Sie beim Lösen der Aufgabe verfügen sollten. Haken Sie vorhan-

dene Kenntnisse und Fertigkeiten ab, und tragen Sie ein, was Sie noch lernen müssen.

→ Der **Erwartungshorizont** zeigt Ihnen, was inhaltlich bei der Bearbeitung der Prüfungsaufgabe von Ihnen erwartet wird.
→ Die **Lösungsschritte** geben Hinweise, wie Sie Schritt für Schritt den Weg zur richtigen Lösung planen und umsetzen.
→ Auf der **Aktiv-Seite** können Sie selbst sofort starten und Aufgaben lösen, die für die Bearbeitung der Original-Aufgabe hilfreich sind.
→ Die **Stichpunktlösung zum Vergleichen** stellt die wichtigsten Lösungsaspekte zusammen. Vergleichen Sie Ihre eigenen Lösungen mit den Stichpunktlösungen und analysieren Sie auf dieser Basis Ihre Stärken und Schwächen.

Dem Buch ist eine **CD-ROM** mit weiteren aktuellen Original-Aufgaben beigelegt. Sie enthält außerdem **Abitur-Steckbriefe** mit Kurzinformationen über die Abituranforderungen für Ihr Fach und Ihr Bundesland.

Mithilfe von Index und Suchfunktion der CD-ROM finden Sie sofort die Fachgebiete und Themenbereiche, die Sie trainieren wollen.

Wir wünschen Ihnen viel Erfolg bei Ihrer Vorbereitung und im Abitur mit dem ABI Prüfungstrainer Erdkunde!

LERNMANAGEMENT

1 Lernmanagement – Die Einführung

Für die Abiturprüfungen müssen Sie anders lernen als für eine Klausur. Es wird von Ihnen die Beherrschung des Stoffes von mehreren Halbjahren gefordert. Sie müssen Arbeitstechniken und fachbezogene Methoden beherrschen, die Sie im Verlauf Ihrer Schulzeit erlernt haben. Die Vorbereitung auf die Abiturprüfung sollte daher langfristig angelegt sein. Sie müssen z. B.

- Zeiträume für das Lernen festlegen,
- Wiederholungsphasen einplanen,
- neue Lernstrategien erlernen und erproben,
- eigene Ressourcen erkennen und nutzen.

Die langfristige Planung erfordert von Ihnen ein Lernmanagement, das nur mit genügend Zeit und Konsequenz erfolgreich wird. Beginnen Sie daher nicht zu spät mit der Planung Ihrer Lern- und Übungsphasen. Ideal wäre es natürlich, wenn Sie bereits ein halbes Jahr vor dem Abitur damit anfangen würden. Aber auch wenn Sie weniger Zeit zur Verfügung haben, können Sie mit gutem Lernmanagement gezielt lernen und zu guten Lernergebnissen kommen.

Leider gibt es nur sehr wenige Menschen, die Lernstoff nach einmaligem Lesen oder Anhören langfristig im Gedächtnis ablegen und jederzeit darauf zurückgreifen können. Die Hauptbotschaft der nächsten Seiten wird daher sein: Lernen ist eine anstrengende, Zeit raubende und den Lernenden ganz und gar fordernde Tätigkeit. Lernen macht eher weniger Spaß – das Können hingegen ist hochgradig zufriedenstellend. Diese Anleitung zum Lernmanagement möchte dazu beitragen, dass Sie möglichst viele Erfolgserlebnisse während der Vorbereitung auf das Abitur haben.

In Büchern zu „modernen" Lerntechniken wird immer wieder von Super-Learning, Turbo-Lernen oder Memo-Weltmeistern gesprochen. Diesen Techniken sind zwei Dinge gemeinsam: (1) Sie eignen sich höchstens für das Lernen von unzusammenhängenden Einzelfakten und (2) es ist oft sehr zeitaufwändig, sie zu lernen – Zeit, in der Sie sich nicht mit dem Lernstoff beschäftigen! Sinnvoller und wesentlich nachhaltiger ist es, in Zusammenhängen zu lernen und auf Lernstrategien zurückzugreifen, die sich für Sie bereits bewährt haben. Vielleicht haben Sie auch schon eine eigene Strategie entwickelt.

2 Motivation und Selbstmanagement

Begriffe wie die innere Einstellung zum Abitur, die Motivation und das Bild, das man von sich selbst in diesem Zusammenhang hat, sind zwar etwas vage, beschreiben aber wichtige Komponenten, die durchaus Einfluss auf den Erfolg im Abitur haben.
Setzen Sie sich für das Abitur realistische Ziele. Versuchen Sie, möglichst viele positive Motivationen für Ihre Lernanstrengungen zu finden: von Berufszielen und Neugier bis hin zu kleinen Belohnungen für erreichte Zwischenziele.
Berücksichtigen Sie bei der Lernplanung Ihre individuellen Schwierigkeiten! Fällt es Ihnen zum Beispiel besonders schwer, sich in längeren Lernphasen selbst zu motivieren, planen Sie eher kleine Lerneinheiten, um sich nicht dadurch zu frustrieren, dass Sie nicht durchhalten. Versuchen Sie, die Lernphasen schrittweise zu verlängern, und vergessen Sie nicht, sich zu belohnen! Wenn Sie nicht gut langfristig planen können, ist es besonders wichtig, sorgfältig einen genauen Lernplan zu erstellen und ihn konsequent einzuhalten. Wenn Sie einmal Gelerntes gut behalten, brauchen Sie nicht so viel Zeit für Wiederholungsphasen einplanen.
Bei der Abiturvorbereitung ist – für viele erstmalig – eine längere Periode zu überwinden, in der der innere Druck ständig zunimmt. Insofern sind Stresssymptome wie Nervosität, Schlafstörungen, Konzentrationsmangel, Appetitlosigkeit oder Heißhunger ganz normal. Rechnen Sie damit! Auch dies ist ein Lernfeld, auf dem Sie herausfinden, wie Sie speziell damit umgehen – Erfahrungen, die Ihnen später beim Lernen und im Beruf (übrigens auch im Familienleben) zugutekommen.
Das Zaubermittel gegen Stress heißt Gelassenheit. Wie Sie diese bekommen, müssen Sie vielleicht noch ausprobieren. Dem einen hilft es, einmal völlig abzuschalten und einfach nichts zu tun, andere beruhigen sich besser mit Entspannungstechniken wie dem autogenen Training. Am einfachsten und am effektivsten stellt sich Gelassenheit ein durch das Bewusstmachen und das Betrachten des Gelernten: So viel habe ich schon geschafft – den Rest lerne ich auch noch. Solche Betrachtungen helfen beim Aufbau einer inneren Sicherheit. Und schließlich: Man kann nicht alles wissen, und bei einer guten Darstellung in einer Abiturklausur oder der mündlichen Prüfung sehen die Prüfer auch über kleine fachliche Schwächen hinweg.

3 Die Zeiteinteilung beim Lernen

Wer schon einmal umfangreiche Prüfungen vorbereitet hat, weiß, dass Lernen Zeit benötigt und zwar oft mehr, als man eingeplant hat. Insofern hat sich noch niemand im Nachhinein darüber geärgert, möglichst früh mit dem Lernen begonnen zu haben. Wie lange Sie benötigen, hängt von Vielem ab – wie präsent Ihnen der Stoff noch ist, welche Erfahrungen und Erwartungen Sie haben. Gut wären etwa sechs Monate – haben Sie weniger Zeit, müssen Sie Ihre Vorbereitung besonders gut strukturieren (und wohl auch intensiver lernen).
Diese lange Zeitspanne muss dann in überschaubare Abschnitte eingeteilt werden. Dabei hat sich Kontinuität als besonders nützlich herausgestellt. Sie sollten daher jeden Tag einen bestimmten Zeitabschnitt zum Lernen reservieren. Vor diesem Hintergrund wird klar, dass sich Ihr Wochenplan im letzten Schuljahr vor dem Abitur den Prüfungsvorbereitungen anpassen muss. Überprüfen Sie Ihre sonstigen Verpflichtungen: Welche sind mir besonders wichtig? Welche sollte ich streichen?
Zum Zeitplan gehören auch Pausen. Kurze Pausen nach intensiveren Lernphasen helfen, das Gelernte zu vertiefen. Die Länge dieser Perioden muss jeder selbst herausfinden, vermutlich sind 30 Minuten eine gute Lernzeit, mit anschließender fünfzehnminütiger Pause, in der man seine Stifte anspitzt, die Materialien abheftet oder sich etwas zu trinken holt. Planen Sie auch genügend Freizeit ein, ebenso Zeiten für Selbstbekräftigung und Belohnung für geleistete Arbeit. Man muss sich an eine feste Organisation der Prüfungsvorbereitung im Laufe der Wochen gewöhnen. Versuchen Sie, konsequent zu bleiben!

> **Tipp:** Planen Sie die Zeit zur Abiturvorbereitung in Ihre Tages- und Wochenpläne ein. Kontinuität über einen längeren Zeitraum und möglichst tägliche Beschäftigung mit dem Stoff haben sich dabei gut bewährt. Passen Sie Ihren Wochenplan an die Abiturvorbereitung an. Stellen Sie Ihre sonstigen Aktivitäten auf den Prüfstein, vergessen Sie aber auch nicht Pausen und Freizeit.

4 Die Organisation des Lernens

4.1 Der Lernplan: Informationen auswählen

Was soll ich lernen? Eine gute Lernstrategie orientiert sich an dem, was im Abitur verlangt werden darf. Hierzu geben zunächst einmal die entsprechenden Veröffentlichungen des Bildungsministeriums Ihres Bundeslandes Auskunft, die im Unterricht vermutlich erläutert wurden oder auch im Internet verfügbar sind.

Weitere wichtige Hinweise werden durch Abituraufgaben der vergangenen Jahre gegeben, z. B. auch in diesem Buch. Neben den Oberstufenlehrbüchern sind die Unterlagen aus Ihrem Unterricht eine gute Basis für das Lernpensum.
Gegen Ende der Vorbereitungszeit wird es wichtig, sich nicht von immer neuem Informationsmaterial ablenken zu lassen. Irgendwann sollte die Auswahl beendet sein und man sollte dann dabei bleiben.
Neben der Stoffauswahl ist auch die inhaltliche Strukturierung des Lernstoffes wichtig. Verschaffen Sie sich einen Überblick über die Themen, die für das Abitur wichtig sind und planen Sie für jedes Thema Lernzeit ein. Berücksichtigen Sie auch, mit welchen Themen Sie sich in der Oberstufenzeit vielleicht schon intensiver beschäftigt haben, z. B. in einem Referat. Reservieren Sie zudem immer Zeit für allgemeine Wiederholungen und versuchen Sie, logische Verknüpfungen zwischen den Themengebieten zu finden. Schon diese Strukturierung wird den Stoff für Sie übersichtlicher und leichter zugänglich machen und bewirkt einen nicht zu unterschätzenden Lernerfolg.
Wollen Sie sich Inhalte selbst erarbeiten (z .B. weil Sie sich nicht mehr sicher fühlen oder weil Sie bestimmte Kapitel im Unterricht noch nicht ausführlich durchgenommen haben), geht das am besten durch sinnentnehmendes Lesen. Hierfür gibt es einige Grundregeln:

- vor dem Lesen Überblick verschaffen, z. B. durch genaues Anschauen des Inhaltsverzeichnisses und der Zwischenüberschriften,
- zunächst die Einleitung und die Zusammenfassung genau lesen,
- Abbildungen und Grafiken anschauen,
- den Text zunächst einmal grob überfliegen,
- dann den Text abschnittsweise lesen; keine Unterstreichungen machen (und in kopierten Texten keinen Marker benutzen), denn das gaukelt Verständnis nur vor,
- nach jedem Abschnitt einige Stichworte im Heft oder auf Karteikarten notieren und den Sinn mit eigenen (Stich-)Worten wiedergeben,
- schließlich die Aussage des ganzen Textes im Kopf formulieren.

Tipp: Beim sinnentnehmenden Lesen verschaffen Sie sich am besten zuerst einen Überblick über den Text (Einleitung, Zusammenfassung, Zwischenüberschriften) und fassen nach dem Lesen den Inhalt in Stichpunkten zusammen.

4.2 Informationen speichern: Die Lerntechniken

Lernen mit allen Sinnen

Das Festlegen von Lerntypen ist überholt – nicht jedoch die Strategie, den Lernstoff mit möglichst vielen Sinnen aufzunehmen. Da bei Gedächtnisprozessen immer das ganze Gehirn beteiligt ist, ist es Erfolg versprechend, wenn man mehrere Sinneskanäle anspricht. Neben den Augen sollten also die Ohren, die Hände und – wenn möglich – auch der Geruch beteiligt sein. Überlegen Sie, welche Alternativen zum Lernen von Papier sich bieten: Bilder und Filme, Lernsoftware, Museen und Exkursionen.

Allein lernen

Das Lernen läuft meistens nach folgendem Schema ab: Texte lesen oder hören, Augen schließen, Text noch mal aufsagen. Daneben gibt es auch noch andere Lerntechniken.

Skizzen und Übersichten

Besonders bei komplizierteren Themen hat es sich bewährt, den Stoff nach dem Lesen in einer eigenen Form darzustellen. Erstellen Sie eine Tabelle, eine Stichwortliste, eine Skizze oder wählen Sie eine andere Form der Darstellung, die dem Thema angemessen ist. Die neue Sichtweise auf das Thema, die Sie so automatisch gewinnen, ist sehr hilfreich.

Lernkarteien

Viele Schülerinnen und Schüler arbeiten gern mit Lernkarteien, die aus losen Karteikarten bestehen, auf denen meist vorn eine Frage und auf der Rückseite die Antwort steht. Diese Karteien sind nur wertvoll, wenn man sie selbst erstellt, denn schon beim Anlegen erledigt man einen Großteil der Lernarbeit quasi nebenbei.

Mindmaps

Mindmaps sind eine sehr gute Methode, um größere Zusammenhänge zu wiederholen. Nehmen Sie ein möglichst großes Stück Papier (z. B. die Rückseite eines Posters), auf dem Sie, ausgehend von einem Zentralbegriff, möglichst viele Assoziationen und Inhalte entlang von Verästelungen aufschreiben. So entdecken Sie unverhofft viele neue Verbindungen. Schreiben Sie mit mehreren Farben, das erfreut das Auge!

Inhalte präsent machen

Hängen Sie Skizzen, Übersichten und Mindmaps in Ihrem Zimmer oder in der Wohnung auf! So nehmen Sie die Darstellungen „im Vorbeigehen“ auf oder Sie stoßen immer wieder darauf – die Inhalte prägen sich auf diese Weise gut ein. Nach ein oder zwei Wochen nehmen Sie die Blätter dann herunter und versuchen, den Inhalt noch einmal aufzuschreiben.

Spickzettel
Spickzettel zu schreiben bedeutet eine sehr intensive Auseinandersetzung mit dem Stoff. Beim immer stärkeren Reduzieren der Lerninhalte auf wenig Platz hat man einen enormen Lernerfolg. Noch besser ist es, die Spickzettel in Gruppen untereinander zu vergleichen und zu optimieren. Probieren Sie es aus – aber setzen Sie **niemals** Spickzettel in der Prüfung ein! In Klausuren sind die Konsequenzen bitter – im Abitur sind sie brutal.

Lernprogramme
Das Internet bietet immer wieder Überraschungen bei Lernprogrammen. Nutzen Sie diese; sollte es aber zu Problemen beim Kopieren oder bei der Installation geben, ver(sch)wenden Sie nicht zu viel Zeit darauf, diese zu bewältigen.

Lernen in der Gruppe
Eine Vorbereitung in einer Lerngruppe hat immense Vorteile gegenüber dem einsamen Lernen und sollte unbedingt angestrebt werden. Wenn Sie bereits Erfahrungen mit dem Arbeiten und Lernen in Gruppen haben, werden Sie diese Vorteile schon kennen, wenn nicht, sollten Sie unbedingt eine Lerngruppe organisieren. Die Vorteile des Lernens in Gruppen liegen einerseits in der Konsequenz des Lernens, andererseits im Lernen selbst. Einige Lernmethoden lassen sich in der Gruppe bedeutend besser durchführen als allein.
Eine Gruppengröße von drei bis fünf Personen ist optimal. Eine Mischung von unterschiedlichen Leistungsniveaus ist dabei durchaus sinnvoll: Gute Schülerinnen und Schüler lernen immer beim und durch das Erklären – und diejenigen, die den Stoff noch nicht so gut beherrschen, stellen oft interessante Fragen. Verabreden Sie jeweils genau, was Sie beim nächsten Treffen besprechen wollen und wer das Thema vorbereitet. Der vereinbarte Lernstoff kann dann gegenseitig abgefragt werden. Dadurch verringert sich auch die Gefahr, wichtige Aspekte zu übersehen.
Darüber hinaus eignen sich Gruppen auch für andere Präsentationsformen von Wissen: das Anfertigen und Erklären von Schaubildern und Tabellen, Spiele zum Lernen, das arbeitsteilige Erarbeiten von Stoff- und Themengebieten oder auch das Ansehen und Diskutieren von Filmen. Wichtig ist auch, das Gelernte bei Bedarf neu zu ordnen und gemeinsam neue, unbekannte Verknüpfungen zu finden, beispielsweise in einer gemeinsam erstellten Mindmap.

5 Die Darstellung des Gelernten

Was nützt es, viel zu wissen, wenn man das Wissen nicht darstellen kann? Teil einer vollständigen Abiturvorbereitung ist es daher, das Gelernte auf Papier darzustellen. Zu den möglichen Darstellungsformen gehören neben Stichwortlisten auch Skizzen, graphische Darstellungen, Tabellen und Mindmaps. Setzen Sie die verschiedenen Präsentationsmöglichkeiten vielfältig ein. Besonders grafische Darstellungen sind ökonomisch, weil sie viel Zeit sparen und eine hohe Aussagekraft haben.
Machen Sie in der Klausur nicht den Fehler, sofort „loszuschreiben". In diesem Buch wird bei jeder Aufgabe die beste Herangehensweise beschrieben. Beim Durcharbeiten der Prüfungen bekommen Sie auch darin Übung, eine angemessene Vorgehensweise zu erarbeiten.
Zunächst müssen Sie das Thema verinnerlichen, erst danach sollten Sie die Materialien durcharbeiten. Machen Sie sich dabei schon einige Notizen. Dann sehen Sie sich die Aufgabenstellungen genau an. Welche Operatoren tauchen auf? Wie hängen sie mit den einzelnen Materialien zusammen? Aus Ihren Stichpunkten entwickeln Sie anschließend eine Gliederung. Trennen Sie hier sorgfältig nach den Operatoren. Eine klare Gliederung hilft nicht nur den Lesern, sondern auch Ihnen während der Bearbeitung. Sollte Ihnen zu den einzelnen Punkten später noch etwas einfallen, können Sie mit Verweisen Ergänzungen vornehmen.
In der Reindarstellung Ihrer Abiturklausur gelten bestimmte formale Regeln. Sie sollten eine klare und übersichtliche Darstellung aber auch als Entgegenkommen an die Lehrerinnen und Lehrer sehen, die Ihre Arbeit beurteilen.

Hier finden Sie noch einige Tipps für längere Lernphasen.

Tipp:
- Entwickeln Sie ein Ordnungssystem für Ihren Schreibtisch und für Ihre Unterlagen, das zu Ihnen passt, und bleiben Sie dabei.
- Finden Sie heraus, was Sie am meisten beim Lernen stört (Telefonanrufe, SMS, E-Mails und Internet, Computerspiele). Schränken Sie diese Ablenkungen gezielt ein!
- Musik sollte man nicht beim Lernen hören, sondern in den Lernpausen.
- Kleinere Rückschläge kommen vor – behalten Sie jedoch Ihr Ziel immer im Auge!

ABITUR IM FACH ERDKUNDE

1 Anforderungen und Kompetenzen

1.1 Fachliche und methodische Kompetenzen

Schülerinnen und Schüler lernen heute in der gymnasialen Oberstufe nicht nur den Lernstoff der Grund- und Leistungskurse, sondern darüber hinausgehende Fähigkeiten und Fertigkeiten, die auch fachübergreifend einzusetzen sind. Die Vorgaben für das Abitur sehen fachliche und kompetenzorientierte Anforderungen vor. Diese werden als **Kompetenzen** bezeichnet.

Ziel des Geographieunterrichts ist die raumbezogene Handlungskompetenz oder auch Raumverhaltenskompetenz. Diese synonymen Begriffe umfassen die Qualifikationen und Kompetenzen, die einen Menschen befähigen, mit seinem eigenen Lebensraum und der Erde insgesamt ökologisch und sozial verantwortungsbewusst umzugehen. Dies ist zum einen praktisch zu verstehen, also der tatsächliche Umgang eines Menschen mit seiner jeweiligen Umgebung und der Erde insgesamt, zum anderen beziehen sich die Kompetenzen auf theoretische und virtuelle Sachverhalte und Räume, die im Klassenzimmer während des Unterrichts thematisiert werden. Um diese Kompetenzen als Ganzes erwerben zu können, sind verschiedene weitere Kompetenzen aus dem fachlichen und methodischen Bereich notwendig und zu erlernen. Diese Teilkompetenzen sind jedoch eng miteinander verflochten. Es handelt sich um **Sachkompetenz, Orientierungskompetenz, Methodenkompetenz, Darstellungskompetenz** und **Sozialkompetenz.**

Die **Sachkompetenz** berücksichtigt die Beherrschung fachlicher Inhalte, damit Mensch-Raum-Beziehungen erfasst werden können.

Die **Orientierungskompetenz** zeigt sich in der Fähigkeit, sich im realen und virtuellen Raum orientieren zu können, verbunden mit einer reflektierten Raumwahrnehmung.

Die **Darstellungskompetenz** ist erforderlich, um Sachverhalte adressatengerecht und themenspezifisch präsentieren zu können.

Die **Sozialkompetenz** ist notwendig, um sich in fremde Kulturen und Wertesysteme hineindenken zu können und die eigene Gesellschaft zu verstehen und nachhaltig fördern zu können.

Die **Methodenkompetenz** umfasst die Fähigkeiten, selbstständig, geplant und zielgerichtet unter Entwicklung von Lösungsstrategien Sachverhalte zu erschließen und zu kombinieren und so Prozesse und Strukturen wahrzunehmen und zu bearbeiten. Dies dient als Grundlage des eigenen verantwortungsbewussten Handelns.

Im Folgenden erhalten Sie Tipps zum Erwerb der einzelnen Kompetenzen. Zur Methodenkompetenz siehe gesondertes Kapitel S. 26.

Sachkompetenz

Sachkompetenz ist die Fähigkeit, Räume auf den verschiedenen Maßstabsebenen als natur- und humangeographische Systeme zu erfassen und die Wechselbeziehungen zwischen Mensch und Umwelt analysieren zu können.

Sachkompetenz ist auf den Lernstoff gerichtet. Sie spiegelt erworbenes Wissen, gewonnene Einsichten und die Fähigkeit zur sachbezogenen Verknüpfung und Beurteilung wider. Zur Sachkompetenz gehören auch die Beherrschung der Fachsprache sowie die Beherrschung themenbezogener weltweiter Orientierungsraster.

Sachkompetenz wird dadurch erworben, dass Schülerinnen und Schüler …

- das System Erde verstehen. Das System Erde wird dann verstanden, wenn es als ein komplexes (verflochtenes) Gefüge begriffen wird. Diese Gefüge besteht aus Teilsystemen, die von der Natur und den Menschen beeinflusst werden (Natur- und Anthroposphäre). Zwischen beiden Systemen sind Wirkungszusammenhänge nachweisbar, z. B. durch Eingriffe des Menschen in die Natur.
- Geoökosysteme kennen und die Folgen von Eingriffen in diese Systeme einschätzen können. Geoökosysteme sind zwischen Lebewesen und Lebensraum bestehende Wechselbeziehungen.
- Strukturen von Räumen unterschiedlicher Maßstabsebenen sowie unterschiedlichen Entwicklungsstandes kennen. Sie können damit zusammenhängende regionale und globale Disparitäten und Verflechtungen erläutern.
- die mit den Kernproblemen des globalen Wandels verbundenen Chancen und Risiken kennen und Strategien zur Umsetzung des Leitbildes der Nachhaltigkeit kritisch reflektieren können. Mit nachhaltigen Maßnahmen sind Eingriffe in die Natur gemeint, die nur in dem Maße stattfinden, wie es die Natur verträgt.
- durch unterschiedliche wirtschaftliche, politische und soziokulturelle Einflüsse initiierte Raumentwicklungsprozesse kennen und Ansätze zur Lösung konkurrierender Nutzungsansprüche abwägen können.

Die folgenden fachlichen Inhalte müssen unter anderen als Abiturvorbereitung sachlich beherrscht werden (z. B. aus den Vorgaben für die Prüfungen 2009):

- Wassernutzung und Wasserentsorgung in ihren Auswirkungen auf den Landschaftshaushalt,

- landwirtschaftlicher Strukturwandel in Abhängigkeit von Naturausstattung, Innovation und Markt,
- Ursachen und Folgen von Wanderungsbewegungen für Herkunfts- und Zielgebiete,
- der Wandel städtischer Strukturen unter dem Einfluss der Tertiärisierung.

Orientierungskompetenz

Orientierungskompetenz ist die Fähigkeit, sich in Räumen orientieren zu können (topographisches Orientierungswissen, Kartenkompetenz, Orientierung in Realräumen und die Reflexion von Raumwahrnehmungen).
Orientierungskompetenz wird dadurch erworben, dass Schülerinnen und Schüler …

- über räumliche Orientierungsraster auf lokaler, regionaler und globaler Maßstabsebene und in unterschiedlichen thematischen Anbindungen verfügen,
- topographisches Orientierungswissen zur Erfassung gegenwärtiger räumlicher Strukturen und zukünftiger Entwicklungen nutzen können,
- unterschiedliche Verfahren zur räumlichen Orientierung anwenden können,
- die mit den unterschiedlichen Raumwahrnehmungen verbundenen Bewertungen reflektieren und zum eigenen Handeln in Beziehung setzen können,
- sich in virtuellen Welten orientieren und diese mit realen Gegebenheiten in Beziehung setzen können.

Darstellungskompetenz

Darstellungskompetenz ist die Fähigkeit, geographische Sachverhalte themen- und adressatenbezogen zu präsentieren.
Darstellungskompetenz wird dadurch erworben, dass Schülerinnen und Schüler …

- räumliche Strukturen und Prozesse unter Nutzung der Fachsprache veranschaulichen können,
- geographische Sachverhalte in graphische Darstellungen als besondere Form der fachlichen Kommunikation umsetzen,
- komplexe Wirkungszusammenhänge vereinfacht darstellen,
- zu geographischen Fragestellungen sachlogisch und strukturiert argumentieren,
- gewonnene Erkenntnisse bzw. selbst erarbeitete Ergebnisse verbal und medial präsentieren.

Zur Darstellungskompetenz gehört außerdem die Fähigkeit, Textinformationen bzw. statistische Daten in einfache schematische Darstellungen zu übersetzen.

Dies können Statistiken/Tabellen mit absoluten oder relativen Zahlenangaben bzw. Indexwerten sein (vgl. auch S. 29).
Diagramme (vgl. auch S. 31) sind grafische Darstellungen von Zahlenwerten. Sie dienen dazu, umfangreiches Zahlenmaterial auf einfache und übersichtliche Art und Weise darzustellen. Als „gezeichnete Statistik" hat das Diagramm viele Vorteile, z. B. wird damit eine höhere Anschaulichkeit erreicht, komplexe Zusammenhänge werden vereinfacht und zentrale Aussagen durch die Wahl einer bestimmten Diagrammform hervorgehoben. Das Diagramm hat gegenüber einer Statistik den Nachteil, eine geringere Aussagegenauigkeit zu haben.
Bei Diagrammen gibt es folgende Darstellungsarten:
- Kurven- und Liniendiagramme,
- Flächendiagramme,
- Säulen- und Balkendiagramme,
- Kreisdiagramme,
- Kartogramme und
- Dreiecksdiagramme.

Sozialkompetenz
Auf die Fähigkeit zur „Sozialkompetenz" wird heute besonders viel Wert gelegt. Sozialkompetenz bezeichnet die Bereitschaft und die Fähigkeit, sich mit eigenen und fremden Wertsystemen auseinanderzusetzen und Mitverantwortung für die Bewahrung der Lebensgrundlagen künftiger Generationen zu übernehmen. Sie umfasst die Bereitschaft und Fähigkeit, miteinander zu lernen, zu arbeiten und zu leben. Zu den häufig genannten Komponenten zählen Kommunikations- und Kooperationsfähigkeit, Durchsetzungs- und Konfliktfähigkeit, Empathie – also die Fähigkeit, sich in andere hineinzuversetzen – und Flexibilität. Soziale Kompetenzen gelten als Schlüssel für persönliche und professionelle Erfolge. Oder anders gesagt: Wer viel weiß, aber nicht mit anderen Menschen zurechtkommt, wird nicht unbedingt erfüllte private oder berufliche Beziehungen erleben.
Sozialkompetenz wird dadurch erworben, dass Schülerinnen und Schüler ...
- interkulturelles Verständnis als Grundlage eigenen Verhaltens entwickelt haben,
- bereit sind, an der Gestaltung der gegenwärtigen und zukünftigen Lebenswirklichkeit sachkundig und verantwortungsbewusst mitzuwirken,
- bei der Bewältigung fachrelevanter und fachübergreifender Aufgaben Kommunikations- und Teamfähigkeit unter Beweis stellen,
- unter Berücksichtigung unterschiedlicher Perspektiven mit Konflikten umgehen und begründete Sach- und Werturteile fällen können.

Der verantwortungsbewusste Umgang mit der Natur ist ein Beispiel für die Umsetzung sozialer Kompetenzen. Aber auch das konstruktive und zielgerichtete Arbeiten in unterschiedlichen Unterrichtsformen wie z. B. Gruppen- oder Projektarbeit – also gemeinsam mit anderen zu lernen und mit Konflikten angemessen umzugehen – sind weitere Beispiele sozialer Kompetenz.

1.2 Elemente der Aufgabenstellung in Erdkunde (LK und GK)

Im Mittelpunkt sowohl schriftlicher Klausuren als auch mündlicher Prüfungen steht die Frage nach der Beziehung des Menschen zu einem bestimmten Gebiet auf der Erde und wie Mensch und Raum sich gegenseitig beeinflussen. Dies beinhaltet einerseits physisch-geographische Aspekte, also die natürlichen Gegebenheiten des Raumes, und andererseits anthropogeographische Aspekte, die den Menschen und sein Handeln zum Thema haben.

In der Prüfungsaufgabe des Abiturs beziehen sich die Teilaufgaben nicht nur auf die Themen eines Halbjahres der Qualifikationsphase, sondern sind halbjahresübergreifend. Dennoch stellt die Prüfungsaufgabe eine thematische Einheit dar, das heißt, die Themen der Halbjahre werden nicht getrennt voneinander bearbeitet, sondern stehen im sachlichen und logischen Zusammenhang.

Die Arten der gestellten Aufgaben zielen auf die Überprüfung der erworbenen Kompetenzen in den drei Anforderungsbereichen (siehe folgender Abschnitt) und ermöglichen so mittels der Operatoren (siehe Kapitel „Operatoren – wissen, was zu tun ist“, S. 36) die Verbindung der verschiedenen thematischen Aspekte. Diese Gliederung schränkt dabei allerdings in der Regel die zu bearbeitenden Punkte nicht derart ein, dass die Selbstständigkeit der Prüfungsleistung eingeschränkt wird. Eine eigenständige Strukturierung und Organisation der Prüfung ist elementar wichtig. Dabei sollen Zusammenhänge zwischen dem Thema der Prüfung, dem gestellten Material und dem im Unterricht Gelernten hergestellt werden.

Arbeitsmittel sind das gestellte Material und ein Atlas. Der Umgang mit den verschiedenen Materialien und Medien muss zuvor entsprechend erlernt werden (siehe Kapitel „Methodenkompetenz“, S. 26). Das Material soll die Erarbeitung der Aufgaben unterstützen und wichtige Informationen liefern, die aber selbstständig zu verwerten sind. Die Informationen sind in der Regel aktuell, es sei denn, das Thema beinhaltet entsprechende geschichtliche Aspekte. Gefordert ist immer, dass durch die Kombination der Materialien und Informationen ein gewisser Grad an Selbstständigkeit nachgewiesen wird. Dieser Grad richtet sich aber durchaus nach Art und Inhalt der Materialien. Der Umfang ist dem Niveau und der zur Verfügung stehenden Zeit angepasst.

Grundsätzlich gilt all dies für schriftliche wie auch mündliche Prüfungen. Bei den letztgenannten kommen zusätzlich Darstellungs- und Sozialkompetenzen hinzu (siehe Kapitel „Mündliche Prüfung“, S. 44). Diese sind Grundlage der beiden Teile, die aus denen die Prüfung besteht, nämlich des eigenständigen Vortrags und des anschließenden themengebundenen Prüfungsgesprächs.
Unterschiede zwischen Leistungskurs und Grundkurs ergeben sich aus dem Umfang der Einbindung der Arbeitsmethoden und der Themen, der Komplexität und Vielfalt der zu bearbeitenden Aspekte, dem Umfang, dem Inhalt und der Darstellung der Materialien, dem Grad der Selbstständigkeit sowie der Fähigkeit, verschiedene Methoden passend anzuwenden.

1.3 Anforderungsbereiche

In den „Einheitlichen Prüfungsanforderungen für das Fach Geographie“, die von der Kultusministerkonferenz festgelegt wurden, werden Anforderungsbereiche für das Fach genannt. Diese werden in drei Bereiche unterteilt, um die Leistungen im Abitur möglichst umfangreich und detailliert erfassen zu können. Die drei Anforderungsbereiche unterscheiden sich nach Art, Komplexität und Grad der Selbstständigkeit der erwarteten Leistungen. Die meisten Prüfungsaufgaben sind mehr als einem Anforderungsbereich zuzuordnen. Die drei Anforderungsbereiche sind jedoch weder in der Aufgabenstellung noch in der erwarteten Leistung scharf von einander abzugrenzen. Vielmehr ist zur umfassenden Bearbeitung einer Teilaufgabe meistens die Einbeziehung verschiedener Anforderungsbereiche notwendig. Die Zuordnung zu den Anforderungsbereichen ist von der Zielsetzung und den gestellten Materialien abhängig.
Bezugspunkte für die Einteilung in die drei Anforderungsbereiche sind folgende Fertigkeiten:

- **Reproduktion:** Wiedergabe von Inhalten aus dem Unterricht und der gestellten Materialien
- **Reorganisation:** Erklärung dieser Inhalte an einem Beispiel
- **Transfer:** Anwendung des Wissens auf einen neuen Untersuchungsraum
- **Problemlösung:** kritische Auseinandersetzung mit einem Thema unter Einbezug einer eigenen begründeten Meinung, oft auch unter Einbezug eines persönlichen, begründeten und realistischen Ausblicks auf die Zukunft hinsichtlich des betreffenden Themenkomplexes

Diesen Fertigkeiten folgend umfassen die drei Anforderungsbereiche bestimmte Schwerpunkte:

Anforderungsbereich I

- Wiedergabe von Sachverhalten aus einem begrenzten Themenkomplex im gelernten Zusammenhang,
- Anwendung und Beschreibung erlernter und geübter Arbeitsweisen in einem begrenzten Themenkomplex,
- Wiederholung von gelernten Sachverhalten.

Dazu gehören:

- Beschreibung von natur-, kultur-, und wirtschaftgeographischen Sachverhalten,
- richtige Verwendung von Fachbegriffen,
- Wiedergeben grundlegender Theorien und Modelle,
- Verortung, also Lagebeschreibung, bestimmter geographischer Gegebenheiten,
- Fähigkeit, grundlegend mit Medien und Materialien umgehen zu können,
- fachsprachliches und teilweise auch zeichnerisch korrektes Wiedergeben von Theorien und Modellen,
- offenkundiges Respektieren fremder Kulturen, Normen, Gesetzen und Lebensweisen.

Zu den häufig im Anforderungsbereich I angewendeten Operatoren siehe das Kapitel „Operatoren – wissen, was zu tun ist“, S. 37.

Anforderungsbereich II

- selbstständiges Ordnen, Bearbeiten und Erklären von Sachverhalten,
- selbstständiges Anwenden und Übertragen gelernter Sachverhalte auf Vergleichbares.

Dazu gehören:

- Erklären von natur-, wirtschafts- und sozialgeographischen Strukturen und Prozessen,
- Einbeziehung von Konflikten um Ressourcen und Raumnutzung,
- Anwendung von Modellen und Theorien auf bisher nicht behandelte und besprochene Räume und Sachverhalte,
- Einordnung neuer Informationen in bekannte Theorien und Modelle,
- Anwendung und Verknüpfung der aus den Materialien und Medien gewonnenen Informationen,
- Analysieren eines noch nicht behandelten Raumes unter vorgegebener Fragestellung,
- Vergleichen von Strukturen und Prozessen in verschiedenen Räumen,
- themenbezogenes, gegliedertes und fachsprachlich korrektes Darstellen,

- Erstellen von Graphiken und Kartenskizzen auf Basis erlernter oder gewonnener Informationen,
- Erläutern von Gemeinsamkeiten und Unterschieden eigener und fremder Lebenswelten, Normen, Gesetze, Konventionen, Kulturen und Lebensweisen,
- offenkundiges Verständnis für die Notwendigkeit nachhaltiger Entwicklung.

Zu den häufig im Anforderungsbereich II angewendeten Operatoren siehe das Kapitel „Operatoren – wissen, was zu tun ist“, S. 38.

Anforderungsbereich III

- geplantes und selbst organisiertes Verarbeiten komplexer Sachverhalte mit dem Ziel, zu eigenständigen Begründungen, Folgerungen, Lösungsansätzen, Deutungen und Wertungen zu kommen,
- selbstständiges Auswählen und Anwenden geeigneter Arbeitsmethoden und Darstellungsformen angesichts neuer Themenkomplexe und Sachverhalte und Beurteilung der Effizienz dieser Methoden.

Dazu gehören:

- Prüfen der Anwendbarkeit von Theorien und Modellen auf ein Beispiel,
- Bewerten der Potenziale für unterschiedliche Nutzungen in einem Raum und möglicher Konkurrenzen in der Nutzung des Raumes,
- Erörtern von nachhaltigen Lösungsansätzen,
- Stellungnahme zu Entwicklungskonzepten,
- Reflektieren von Zukunftsszenarien,
- realistisches Einschätzen virtueller Simulationen, Szenarien und Planspiele,
- selbstständiges Entwickeln einer Arbeitsstrategie zur Lösung einer Aufgabenstellung,
- Beurteilen des Aussagewertes der verwendeten und gestellten Materialien,
- Überprüfen der gewählten Methoden an den erzielten Arbeitsergebnissen,
- adressatenbezogenes, logisch strukturiertes, fachsprachlich korrektes Darstellen von Ergebnissen unter Nutzung geeigneter Materialien, Medien und Methoden,
- Diskutieren von Problemstellungen,
- reflektierter und kritischer Umgang mit Leitbildern, Normen, Konventionen, Gesetzen und fremden Kulturen vor dem Hintergrund des eigenen Handelns, aber auch dem Handeln anderer.

Zu den häufig im Anforderungsbereich III angewendeten Operatoren siehe das Kapitel „Operatoren – wissen, was zu tun ist“, S. 41.

2 Methodenkompetenz

„Das haben wir im Unterricht aber nicht besprochen." So wird vielleicht Ihr erster Gedanke sein, wenn Sie die Abituraufgabe vor sich haben. Sie haben nicht alle Themen an allen möglichen regionalen Beispielen behandeln können. Sie sind im Unterricht also exemplarisch vorgegangen. Den Entwicklungsstand eines Landes haben Sie vielleicht anhand des afrikanischen Staates Nigeria behandelt. Der Entwicklungsstand wird im Abitur nun aber voraussichtlich an einem anderen Beispielstaat überprüft. Damit Sie sich in diese für Sie vielleicht weitgehend unbekannte Region einarbeiten können, stehen Ihnen Materialien zur Verfügung. Mit dem Vorwissen aus dem Unterricht und den meist regionalspezifischen Informationen aus den Materialien können Sie die Abituraufgabe lösen. Die Form der Darstellung von Informationen kann jedoch variieren. So können u. a. Karten, Tabellen oder Diagramme vorgegeben sein. Um diese richtig interpretieren zu können, benötigen Sie Methodenkompetenz.
Bei der Arbeit mit Materialien sollten Sie sich zunächst einen Überblick verschaffen und erst dann aufgabenbezogen ins Detail gehen. Verknüpfen Sie schließlich Ihre Erkenntnisse mit Informationen weiterer Materialien. So bietet vielleicht eine Karte im Atlas weiterreichende sinnvolle Informationen an.
Für jegliche Materialarbeit ergibt sich eine Vorgehensweise in drei Schritten:

Überblick verschaffen	→	aufgabenbezogene **Detailarbeit**	→	sinnvolles **Verknüpfen** mit weiteren Materialien

Im Folgenden werden nun die drei Schritte anhand einiger wichtiger Informationsträger vorgestellt. Die ausgewählten Materialien stammen aus Abituraufgaben und veranschaulichen die allgemeine Vorgehensweise.

2.1 Die Arbeit mit Karten

Neben dem Taschenrechner dürfen Sie im Abitur in der Regel den im Unterricht eingeführten Atlas verwenden. Hier steht Ihnen eine Fülle von Karten zur Verfügung. Einige Abituraufgaben enthalten in ihrem Materialteil jedoch auch selbst Karten, die dann zur Lösung des Arbeitsauftrages notwendig sind.

Beispielaufgabe:
Begründen Sie ausgehend von der Karte die Notwendigkeit des Sardar-Sarowar-Staudammprojektes.
(Diese Beispielaufgabe entstammt der Prüfung Nr. 17/E3 auf S. 182 in diesem Buch. Die Karten sind dort zu finden.)

Vorgehensweise		Beispiel Prüfung Nr. 16/E3
Überblick	– Kartenüberschrift lesen	
	– räumliche Einordnung des Kartenausschnitts mithilfe einer physischen Karte im Atlas	Das Sardar-Sarowar-Staudammprojekt ist am Wendekreis gelegen, an der Westküste Indiens.
aufgabenbezogene Detailarbeit	– für die Beantwortung der Frage relevante Informationen der Karte einschließlich der Legende erkennen und markieren – auf regelhafte Anordnungen oder auffällige Verteilungen im Kartenbild achten – Maßstab beachten	Erste Gründe für den Staudammbau sind schon aus der Legende abzulesen: – Stromversorgung, Bewässerung, Versorgung von Städten – „Mit dem über 200 km langen Stausee soll mithilfe eines weitverzweigten Kanalnetzes über 10 000 km² Fläche bewässert werden.“
aufgabenbezogene Ergänzungen aus anderen Karten	– weitere Karten im Atlas zum Thema suchen – neue Informationen mit den bisherigen sinnvoll verknüpfen	Die Formulierung „ausgehend von“ in der Frage signalisiert, dass zur vollständigen Beantwortung die abgedruckte Karte allein nicht ausreicht. So zeigt eine Klimakarte im Atlas die Aridität des Gebietes und unterstreicht damit die Notwendigkeit, Wasser in einem Stausee zu speichern.

Spickzettel

Mit seinem umfangreichen Kartenmaterial stellt der **Atlas** ein wichtiges Hilfsmittel zur Beantwortung der Abituraufgaben dar. Damit Sie aufgabenbezogene Ergänzungen aus den Atlaskarten vornehmen können, ist es notwendig, dass Sie den folgenden „Spickzettel" vor der Prüfung häufig benutzen. Nur so erlernen Sie den sicheren Umgang mit diesem Kartenwerk und benötigen nicht zu viel Zeit für das Auffinden bestimmter Informationen.

Atlas

Damit Sie sich bei der Fülle von Karten zurechtfinden, stehen Ihnen mehrere Hilfsmittel zur Orientierung zur Verfügung.

Suche	Finde
Wo liegt die Stadt Vadodara?	Bei der Suche nach einem topographischen Merkmal hilft das Ortsregister am Ende Ihres Kartenwerkes. Durch die alphabetische Anordnung finden Sie hier schnell eine passende physische Karte, die Auskunft über die geographische Lage des gesuchten Ortes gibt.
Wo gibt es Karten zur Bewässerungswirtschaft?	Vor oder nach dem Ortsregister werden im alphabetischen Sachwortregister alle in den Karten benutzten geographischen Fachbegriffe mit einem Verweis auf entsprechende Atlasseiten aufgelistet. Auch bei Unsicherheiten zu bestimmten Begriffen können diese Karten Ihnen unter Umständen weiterhelfen.
Welche Karten zum allgemeinen Thema Klima gibt es?	Am Anfang des Kartenwerkes sind in der Themenübersicht alle thematischen Kartentitel nach den Großthemen der Geographie geordnet aufgeführt.
Gibt es eine Karte nur von Indien?	Auf der Umschlaginnenseite finden Sie die Kartenübersicht. Sie dient zum schnellen Auffinden vor allem von physischen Karten einer bestimmten Region.

Nun sollten Sie selbst aktiv werden: Nehmen Sie Ihren Atlas zur Hand und beantworten Sie die Suchfragen.

2.2 Die Arbeit mit Tabellen und Statistiken

Statistisches Material wird Ihnen im Abitur zumeist in Form von Tabellen vorgelegt. Bei der Bearbeitung einer Tabelle bietet sich erneut das Vorgehen in drei Schritten an.

Beispielaufgabe:
Untersuchen Sie anhand der Abbildung den wirtschaftlichen Entwicklungsstand Namibias (2002).

Wirtschaft		Außenhandel	
BIP in Mio.US$	2904	Import in Mio. US $	1675
Anteil am BIP: – Landwirtschaft – Bergbau und Industrie – Dienstleistungen*	 11 % 31 % 58 %	Anteile am Import: Maschinen und Transportmittel Nahrungsmittel chemische Produkte Metalle und Metallprodukte Textilien und Schuhe	 30 % 24 % 11 % 8 % 8 %
Anteil der Beschäftigten in der Landwirtschaft	40 %	Export in Mio. US $	1359
Arbeitslosigkeit	34 %	Anteile am Export: Diamanten Agrar- und Fischereiprodukte	 40 % 35 %

*davon etwa die Hälfte in Regierung und Verwaltung

Vorgehensweise		Beispiel
Überblick	– Tabellenüberschrift lesen	
	– herausarbeiten, auf welche Region und auf welchen Zeitpunkt sich die Daten beziehen – feststellen, ob es sich um relative oder absolute Zahlen handelt – Größe der Einheiten bestimmen	Die Tabelle zeigt Daten für Namibia aus dem Jahr 2002. Es werden absolute und relative Zahlen benutzt: Das BIP beträgt 2,9 Mrd. US $. (absolute Zahl). Die Arbeitslosenquote beträgt 34 %. (relative Zahl).

Vorgehensweise		Beispiel
aufgaben-bezogene Detailarbeit	– für die Beantwortung der Frage relevante Informationen der Karte einschließlich der Legende erkennen und markieren	Für die Beantwortung dieser Aufgabe sind alle Informationen relevant.
	– auf extreme Werte, Regelmäßigkeiten und Entwicklungen achten	Diamanten sind Hauptexportgut.
	– dabei Angaben untereinander und mit bekannten Zahlen vergleichen (erleichtert die Bewertung der Zahlen)	Die Handelsbilanz ist nahezu ausgeglichen. Die Produktivität der Landwirtschaft ist gering, da 40 % der Menschen nur 11 % des BIP erwirtschaften. Die Arbeitslosenquote ist ungefähr dreimal so hoch wie in Deutschland.
	– für die Aufgabenstellung relevante Berechnungen anstellen	57 % des Importvolumens sind Industrieprodukte. Namibia exportiert für ca. 540 Mio. US $ Diamanten.
aufgaben-bezogene Ergänzungen aus anderen Karten	– wenn nötig, weitere zur Aufgabe passende Materialien suchen – ergänzende Karten zum Thema im Atlas suchen – neue Informationen mit den bisherigen sinnvoll verknüpfen	Dies ist hier nicht der Fall. Das Wort „anhand“ in der Aufgabenstellung deutet an, dass keine weiteren Informationen zur vollständigen Beantwortung herangezogen werden müssen. Nutzen Sie aber den Atlas, um beispielsweise den Entwicklungsstand direkt abzulesen, z. B.: Namibia muss als Entwicklungsland angesehen werden.

2.3 Diagramme

Gerade um Entwicklungen aufzuzeigen, werden Statistiken häufig graphisch in Diagramme umgesetzt. Auf der einen Seite werden so Zahlen besser veranschaulicht, auf der anderen Seite bietet die Fülle der Diagrammformen aber auch Interpretationsschwierigkeiten. So müssen Sie sich unter Umständen in Ihnen bisher unbekannte Diagrammformen einarbeiten.

Bei der Fülle der Informationen, die ein Diagramm enthalten kann, müssen Sie besonders zielgerichtet auf die Aufgabe hinarbeiten.

Beispielaufgabe:

Beschreiben Sie die dargestellten Entwicklungen.

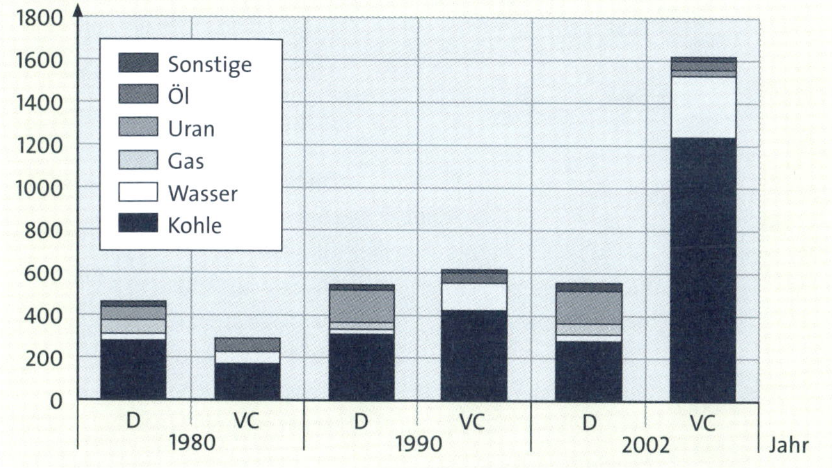

Stromproduktion in Energieträgern in Deutschland (D) und der Volksrepublik China (VC) in Mrd. kWh

Vorgehensweise		Beispiel
Überblick	– Diagrammüberschrift lesen	
	– herausarbeiten, auf welche Region und auf welchen Zeitpunkt sich die Daten beziehen – feststellen, wie viele Sachverhalte dargestellt werden und ob hierfür relative oder absolute Zahlen verwendet werden – Größe der Einheiten bestimmen	Die Abbildung zeigt für die Jahre 1980, 1990 und 2002 für die Staaten China und Deutschland erstens die Stromproduktion in absoluten Zahlen (Höhe des Balkens) und zweitens den Anteil der Energieträger (Anteil am Balken). Deutschland produzierte im Jahr 1990 550 Mrd. kWh Strom. Davon ca. 10 % (oder 55 Mrd. kWh) aus Gas.
aufgabenbezogene Detailarbeit	– auf extreme Werte, Regelmäßigkeiten und Entwicklungen achten – Sachverhalte zunächst isoliert betrachten – die einzelnen Sachverhalte miteinander Verknüpfen – eventuell Berechnungen anstellen	Die Stromproduktion in Deutschland hat seit 1990 ihr Niveau gehalten. Die Stromproduktion in China wurde im gleichen Zeitraum mehr als verfünffacht. Während in Deutschland der Anteil der Kohle rückläufig ist, ist in China der Anteil in etwa gleich geblieben.
aufgabenbezogene Ergänzungen aus anderen Materialien	– wenn nötig, weitere zur Aufgabe passende Materialien suchen – ergänzende Karten zum Thema im Atlas suchen – neue Informationen mit den bisherigen sinnvoll verknüpfen	Die Aufgabe verlangt keine Erklärung für die Entwicklung. Bei entsprechendem Auftrag könnte man beispielsweise auf Bevölkerungs- und Rohstoffkarten zurückgreifen.

Diagrammformen
Im Folgenden werden zu drei speziellen Diagrammformen noch einige Hinweise gegeben.

Dreiecksdiagramme
Sollen drei zusammenhängende Prozentwerte graphisch dargestellt werden, kann man zur Veranschaulichung das Dreiecksdiagramm wählen. Es wird häufig bei Angaben zu den drei Wirtschaftssektoren verwendet.

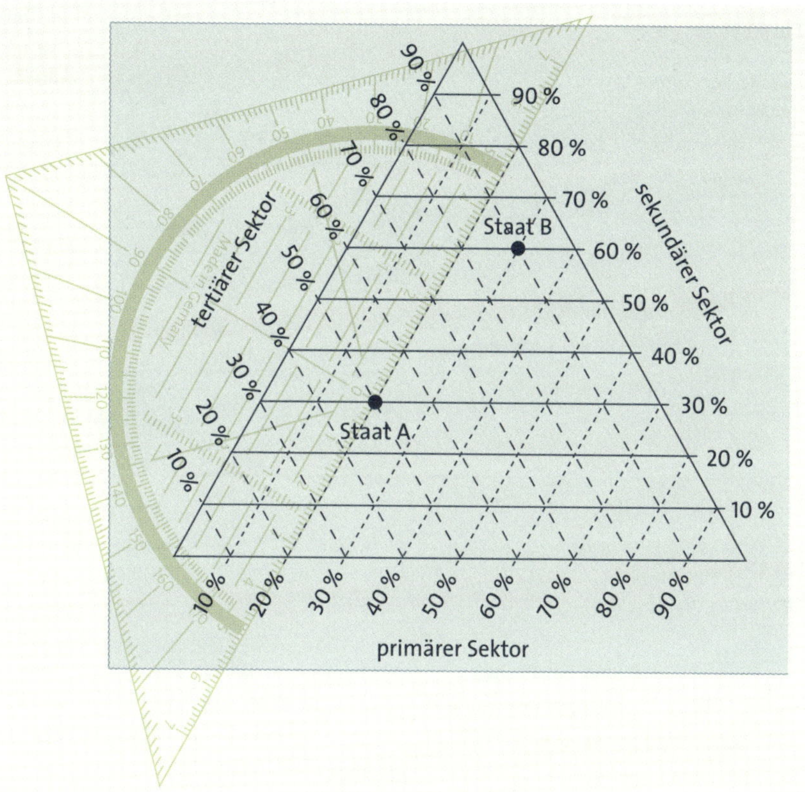

Die Achse für den primären Sektor hat ihren Nullpunkt in der linken unteren Ecke des Dreiecks, die rechte untere Ecke erhält den Wert 100. Um den Anteil eines Sektors abzulesen, legen Sie Ihr Geodreieck parallel zu der im Uhrzeigersinn gelegenen Seite an. Lesen Sie nun den Wert auf der Grundseite ab. Verfahren Sie mit den anderen Seiten entsprechend.

Kontrollieren Sie, ob alle drei Angaben addiert 100 % ergeben.
Für den Staat A ergeben sich so in unserem Beispiel die Werte:
primärer Sektor 20 %, sekundärer Sektor 30 % und tertiärer Sektor 50 %.

Werden Sie nun selbst aktiv: Ermitteln Sie die Werte für den Staat B.

Klimadiagramme
Klimadiagramme fassen die Elemente Temperatur und Niederschlag in einem Schaubild zusammen.

Beispiel:

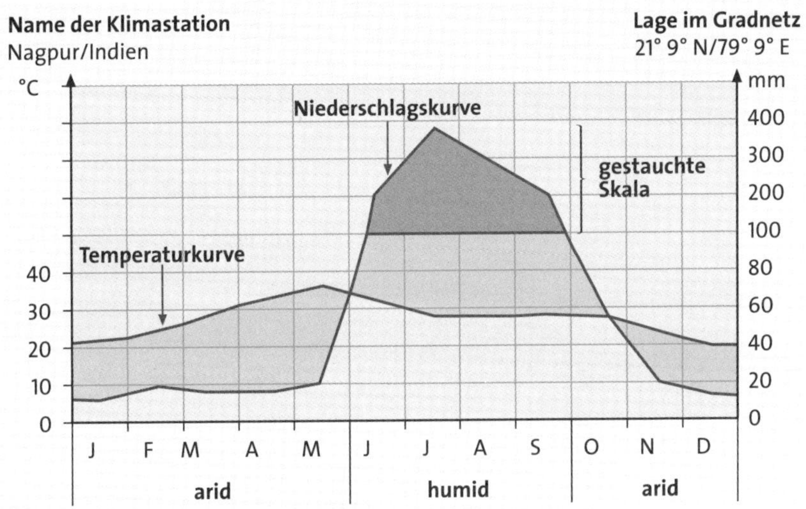

Klimadiagramm von Nagpur (Indien) nach Walter-Lieth

Das Beispiel zeigt das Klimadiagramm von Nagpur. Achten Sie darauf, dass die Niederschläge ab 100 mm gestaucht dargestellt werden. Aride Monate lassen sich daran erkennen, dass die Niederschlagskurve unterhalb der Temperaturkurve liegt. Bei humiden Monaten ist dies umgekehrt.
Müssen Sie im Abitur ein Klimadiagramm beschreiben, so nennen Sie mindestens folgende Angaben:
- Maximal- und Minimalwert der Temperaturkurve
- Verlauf der Temperaturkurve und ihre Amplitude
- Maximal- und Minimalwert der Niederschlagskurve
- Verlauf der Niederschlagskurve und ihre Amplitude
- Nennung der ariden und humiden Monate

Bei einer Charakterisierung des Klimas müssen Sie die Station einer Klimazone und -region zuordnen. Ist Ihnen der Name der Klimastation oder die Lage im Gradnetz bekannt, können Sie eine sichere Zuordnung mithilfe der Klimakarte Ihres Atlasses vornehmen. Unser Beispiel gehört zu den wechselfeuchte Tropenklimaten.
Bei der Erklärung des Klimas gehen Sie dann auf die Höhenlage, das Relief, die atmosphärische Zirkulation und auf die Meeresströmungen ein. Auch hierbei kann Ihnen der Atlas helfen. Ohne Grundkenntnisse der Klimageographie wird es allerdings nicht gehen (Hinweise dazu finden Sie im Pocket Teacher ABI Erdkunde, Kapitel „Atmosphärische Grundlagen"). So spielen bei der Erklärung der klimatischen Verhältnisse in Nagpur die monsunalen Winde eine entscheidende Rolle.
Bei einer Interpretation eines Klimadiagramms müssen Sie schließlich noch auf die Auswirkungen der von Ihnen beschriebenen und erklärten Klimaverhältnisse auf Vegetation, Landwirtschaft oder auch Tourismus eingehen.

Thermoisoplethendiagramme

Wie die Klimadiagramme veranschaulichen die Thermoisoplethendiagramme die Wärmeverhältnisse im Laufe eines Jahres an einem bestimmten Ort. Sie treffen keine Aussage über den Niederschlag, geben dafür aber Auskunft über den tageszeitlichen Gang der Temperatur.

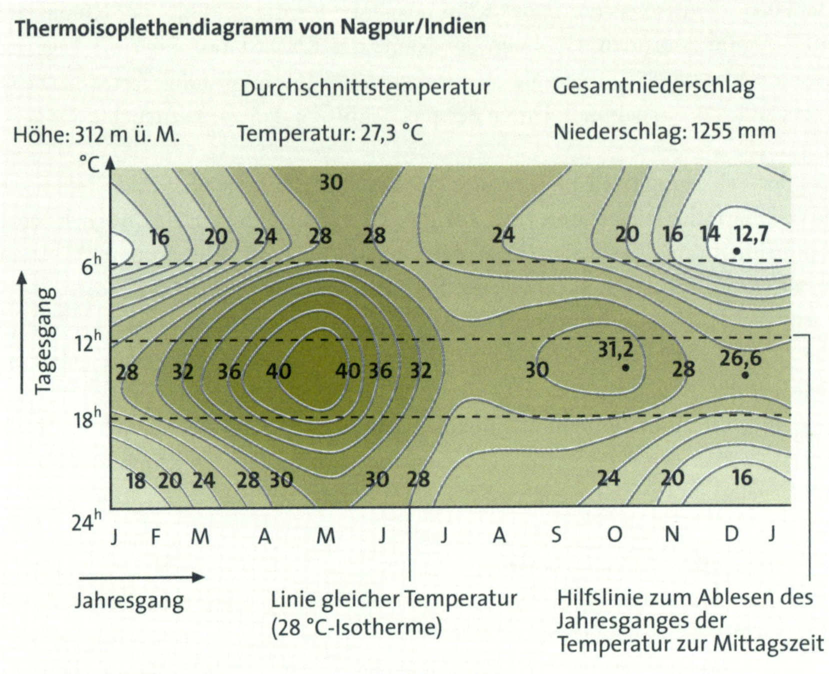

Thermoisoplethendiagramm von Nagpur (Indien)

Legen Sie Ihr Lineal parallel zur Rechtsachse, um den Temperaturverlauf zu einer bestimmten Uhrzeit im Laufe des Jahres abzulesen. Um den Tagesverlauf der Temperatur zu erhalten, legen Sie Ihr Lineal parallel zur Hochachse.

In dem Beispiel bewegt sich die Durchschnittstemperatur im Juni um 6 Uhr morgens zwischen 26 und 28° C.

Stationen mit einem Tageszeitenklima (Tropen) erkennen Sie bei dieser Diagrammform an Isothermen, die vorwiegend parallel zur Rechtsachse verlaufen. Bei Jahreszeitenklimaten (Außertropen) verlaufen diese hingegen eher parallel zur Hochachse.

Da unser Beispiel am Rande der Tropen in unmittelbarer Nähe zum nördlichen Wendekreis liegt, verlaufen die Isothermen nicht nur parallel zu einer Achse.

3 Operatoren – wissen, was zu tun ist

Versucht man, den Begriff des Operators zu klären, so bekommt man in Nachschlagewerken eine Fülle von Informationen aus verschiedenen Fachrichtungen geliefert. Von Bedeutung ist hier die Übersetzung des Begriffs Operator als „Arbeitsanweisung“ und „Aufgabenstellung“. Ein Operator ist jedoch nicht eine sprachlich ausformulierte und selbsterklärende „Anleitung“, sondern ein Verb, das Ihnen Ihren Umgang mit dem vorliegenden Material vorgibt.
Operatoren sind demnach Arbeitsanweisungen, die angeben, was bei der einzelnen Aufgabe genau zu tun ist. Jede Aufgabe erhält durch diese als Operatoren bezeichneten Verben einen klaren Arbeitsauftrag.

Operatoren machen Anforderungen transparent

Operatoren lassen sich als Schlüssel zum Verständnis einer Aufgabenstellung auffassen. Sie helfen Ihnen, die Aufgabe präziser zu verstehen. Operatoren sind weitgehend standardisiert. In der Regel lässt sich an den Operatoren ablesen, auf welchen Anforderungsbereich sich die Aufgabe bezieht. In ihrer Präzision und Eindeutigkeit beugen Operatoren Missdeutungen vor, die sich aufgrund des zeitlichen Rahmens einer Abiturprüfung nur sehr schlecht wieder korrigieren lassen würden.
Die Kenntnis der Operatoren und der mit ihnen verknüpften Anforderungen gewinnt vor allem vor dem Hintergrund einer zentralen Abiturprüfung an Bedeutung, da es nicht mehr die Kursleiter sind, die die Aufgaben stellen. Durch die zentrale Stellung der Aufgaben ist die Kenntnis des „persönlichen Stils“ Ihrer Kursleitung als Orientierungsrahmen zum Verständnis der Aufgabenstellung nicht mehr wichtig. Sie müssen sich vielmehr schon im Verlauf der Qualifizierungsphase zum Abitur mit den Operatoren vertraut machen. Sie müssen die Operatoren nicht auswendig lernen, aber eine genaue Kenntnis der Operatoren soll Ihnen helfen, Ihre Arbeitsweise zu strukturieren.

Liste der wichtigsten Operatoren

Die in den Operatorenlisten der Kultusministerien aufgeführten Operatoren sind nach den einzelnen Anforderungsbereichen sortiert. Das hilft Ihnen, die Aufgabe einzuordnen, zu verstehen und Ihre Lösung zu strukturieren. Im Folgenden werden die wichtigsten Operatoren den entsprechenden Anforderungsbereichen zugeordnet und erläutert. Beispiele mit konkreten Aufgabenstellungen verdeutlichen die Zuordnung.

3.1 Operatoren im Anforderungsbereich I (Reproduktion)

Operator	Bedeutung	Beispiel
aufzeigen	Sachverhalte unter Beibehaltung des Sinnes auf Wesentliches reduzieren	**Zeigen Sie** Chancen und Probleme der touristischen Erschließung von Entwicklungsländern wie Ägypten **auf.** (Prüfung B1/ Nr. 5)
beschreiben	den Sachverhalt ausführlich darstellen, wobei die Darstellung nicht nur das Abrufen von Sachinformationen, sondern auch das Einbetten in den vorliegenden Kontext (die Aufgabenstellung) umfasst; besonders wichtig: Kernaussagen erfassen, auch weitergehende Besonderheiten und Gesetzmäßigkeiten eines Sachzusammenhangs nennen (in der Regel Einleitung zu einer weiterführenden intensiveren Bearbeitung des Sachverhalts)	**Beschreiben Sie** (mithilfe der des Diagramms) die Nutzung der Geschäftsstraßen von Jena 1990. **Beschreiben Sie** auf der Basis einer naturräumlichen Gliederung die landwirtschaftliche Nutzung Marokkos.
darstellen	meistens bezogen auf die graphische Darstellung eines Sachverhalts oder Zusammenhangs sowie auf weitere vorliegende Materialien, aus denen Informationen zusammengefasst dargestellt werden sollen	**Stellen Sie** die Merkmale der Großwohnsiedlung Marzahn **dar.** (Prüfung D2/Nr. 13) **Stellen Sie dar,** aus welchen Gründen im Alpenraum die Anlage von Stauseen und Flussregulierungen zunehmend kontrovers diskutiert wird.
ermitteln/ bestimmen	Aufgaben anhand vorgegebener Daten bzw. Sachverhalte lösen	**Ermitteln Sie** aus dem beiliegenden Material Tendenzen der internationalen Marktentwicklung für Zuckerrüben.

Operator	Bedeutung	Beispiel
nennen/ wiedergeben	dem vorliegendem Material gezielt Informationen entnehmen bzw. Erlerntes wiedergeben, ohne dabei eine eigene Meinung einzubringen oder den Sachverhalt in irgendeiner Art und Weise zu ergänzen, zu erläutern oder gar zu interpretieren	**Benennen Sie** den im Querprofil erkennbaren Landschaftstyp. **Benennen Sie** mithilfe der beiden Klimadiagramme Unterschiede des Klimas der gezeigten Klimate.

3.2 Operatoren im Anforderungsbereich II (Reorganisation und Transfer)

Operator	Bedeutung	Beispiel
analysieren/ interpretieren	in der Regel Materialien in ihren Aussagen und Zusammenhängen verdeutlichen; wichtig: vor einer interpretierenden Betrachtung immer auch den zu interpretierenden Sachverhalt wiedergeben, dazu Ausführungen diesen Anforderungen entsprechend gliedern	**Analysieren Sie** die Inwertsetzung des Tennesseetales unter ökonomischen und geoökologischen Aspekten. **Interpretieren Sie** das folgende Zitat ausgehend von der Siedlungsgeschichte Havannas und prognostizieren Sie die weitere siedlungsgeographische Entwicklung.
anwenden	Theorien, Modelle oder Regeln mit konkretem Fall- bzw. Raumbeispiel oder Sachverhalt in Bezug bringen	(seltener Operator)

Operator	Bedeutung	Beispiel
charakterisieren	zunächst den allgemeinen Sachzusammenhang beschreiben, auf den sich die Fragestellung bezieht, anschließend den Sachverhalt individuell gewichten und auf Schwerpunkte detaillierter eingehen, dabei Aussagen zur Gewichtung einzelner Aspekte deutlich machen	**Charakterisieren Sie** mithilfe der vorliegenden statistischen Daten die Entwicklung des internationalen Tourismus in China. Der Text stellt am Beispiel von Verrado den neuen Siedlungstyp der Gated Community vor. **Charakterisieren Sie** diesen Siedlungstyp und geben Sie Gründe für die Entstehung dieser neuen Siedlungen an.
ein-/zuordnen	einem Raum/Sachverhalt auf der Basis festgestellter Merkmale eine bestimmte Position in einem Ordnungsraster zuweisen	**Ordnen Sie** das von dem Franzosen Brunet 1989 postulierte Konzept der „Blauen Banane“ **ein.** (Prüfung C3/Nr. 10)
erarbeiten	aus Materialien bestimmte Sachverhalte erschließen, die nicht explizit genannt werden, und Zusammenhänge daraus herstellen	**Konzipieren Sie** Eckpunkte solcher Überlegungen und **erarbeiten Sie** begründete Vorschläge für deren Umsetzung für Saudi-Arabien als einen der Hauptproduzenten und Deutschland als einen der Hauptkonsumenten. (Prüfung B2/Nr. 6)
erklären/erläutern	häufig gemeinsame Verwendung dieser beiden Operatoren; Zusammenhänge verdeutlichen und unter Berücksichtigung des eigenen Wissens sowie des vorliegenden Materials so darstellen, dass sie nicht nur sachlich richtig, sondern vor allem verständlich sind, dazu mithilfe von Zusatzinformationen das	**Erläutern Sie** die Veränderungen der Nutzungsstruktur in der Jenaer Innenstadt seit 1990. **Erläutern Sie** die aus Anlage I.2 ersichtliche Entwicklung in der privaten polnischen Landwirtschaft.

Operator	Bedeutung	Beispiel
	eigene Verständnis zeigen und Aussagen anhand von Beispielen verdeutlichen	
erstellen	einen Zusammenhang oder eine Lösung anhand des vorliegenden Materials finden	**Erstellen Sie** anhand der Anlage für die Monate Dezember und Juli in einem Diagramm jeweils ein maßstabsgetreues Profil der potenziellen Evapotranspiration.
kennzeichnen	einen Raum/Sachverhalt auf der Basis bestimmter Kriterien begründet charakterisieren	**Kennzeichnen Sie** die Bedeutung der europäischen Automobilindustrie und **erläutern Sie** deren Chancen sowie Risiken für die weitere wirtschaftliche Entwicklung der EU. (Prüfung C1/Nr. 8)
übertragen	einen bekannten Sachverhalt auf eine neue Problemstellung beziehen	(seltener Operator)
vergleichen	zunächst die Eigenschaften der beiden zu vergleichenden Gegebenheiten darstellen (Voraussetzung, da Vergleich mindestens zwei verschiedene Sachverhalte erfordert), als Gegenüberstellung oder nacheinander möglich; Ziel: Unterschiede und Gemeinsamkeiten verdeutlichen	**Vergleichen Sie** die Nutzung der Geschäftsstraßen von Jena mit denen der Partnerstadt Erlangen. **Vergleichen Sie** die landwirtschaftliche Nutzung in Marokko südlich des Atlasgebirges mit der im Kalifornischen Längstal.

3.3 Operatoren im Anforderungsbereich III (Reflexion und Problemlösung)

Operator	Bedeutung	Beispiel
beurteilen	den Stellenwert von Sachverhalten und Aussagen in einem Zusammenhang bestimmen, um zu einem begründeten Sachurteil zu gelangen (ohne persönliche Wertung)	**Beurteilen Sie** die Nachhaltigkeit der Veränderungen in Vancouvers Innenstadt. (Prüfung D1/Nr. 12)
bewerten/ Stellung nehmen	fachlich abgesichert die eigene Meinung äußern; als Voraussetzung für die Meinungsbildung den Sachverhalt gründlich bearbeiten, dazu eigene fachliche Wissensbausteine einbringen, Bezug auf die vorhandenen Materialien nehmen und ähnlich geartete Beispiele aufführen die durch diese Operatoren vorgesehene Bearbeitung insgesamt in drei Schritte unterteilen: 1. Bearbeitung des Sachverhalts 2. eigene Meinung 3. fachliche Begründung der eigenen Meinung anhand von Beispielen	**Bewerten Sie** die Flächennutzungstendenzen in der Bucht von Tokio seit Beginn der 1990er Jahre. **Nehmen Sie** kritisch **Stellung** zu der Frage, inwiefern die beiden dargestellten Projekte zur Stadterneuerung in Marzahn zur Lösung der Probleme beitragen können. (Prüfung D2/Nr. 13)
diskutieren	zu einer Problemstellung eine Argumentation entwickeln, die zu einer begründeten Bewertung führt	**Diskutieren Sie** die Einordnung Europas als Kulturerdteil. (Prüfung C1/Nr. 8)

Operator	Bedeutung	Beispiel
entwickeln	problemorientierter Operator; das in der Aufgabe gestellte geographische Problem auf seine Ursachen hin untersuchen, einen Lösungsvorschlag, eine Einschätzung oder eine konkrete Maßnahme entwickeln; Entwicklung zuerst (wie bei den Operatoren bewerten/Stellung nehmen) durch gründliche Darstellung des Problems aufzeigen; Ergebnis auf der Basis der eigenen Kenntnisse entwickeln; Voraussetzung dabei: die Problematik durch eine Beschreibung und Analyse richtig erfassen	**Entwickeln Sie** eine begründete Prognose der zukünftigen SO_x- und CO_2-Emissionen für Polen.
erörtern	einen Sachverhalt unter Abwägen verschiedener Pro- und Kontra-Argumente klären und abschließend eine schlüssige Meinung entwickeln	**Erörtern Sie** die soziale und ökonomische Problematik von Staudammgroßprojekten in Entwicklungsländern. (Prüfung E3/Nr. 17)
präsentieren	Ergebnisse unter Nutzung von geeigneten Materialien bzw. Medien schriftlich präsentieren und dabei auf Verwendung von korrekter Fachsprache und logische Struktur achten	(seltener Operator)
reflektieren	im Umgang mit Material und Quellen reflektiert arbeiten und das erzielte Ergebnis in Bezug mit den gewählten Verfahrenweisen setzen	(seltener Operator)

Operator	Bedeutung	Beispiel
überprüfen	Aussagen (Hypothesen, Behauptungen, Urteile) an Sachverhalten und Materialien auf ihre Angemessenheit hin untersuchen	**Überprüfen Sie** Ihre Ausführungen an deutschen Beispielen. (Prüfung C3/Nr. 10)

Tipps zum Umgang mit Operatoren vor und im Abitur:
- Lesen Sie die Aufgabenstellung in Ruhe durch.
- Markieren Sie die in der Aufgabenstellung genannten Operatoren.
- Machen Sie sich mithilfe der Operatorenliste klar, welchem Anforderungsbereich die einzelnen Aufgaben zuzuordnen sind und was genau von Ihnen verlangt wird.
- Notieren Sie sich in Form von Stichworten, welche Anforderungen sich aus den Operatoren im Hinblick auf das vorhandene Material und die Aufgabenstellung ergeben.
- Überprüfen Sie während der Bearbeitung der einzelnen Aufgaben und ein letztes Mal vor der Abgabe der Arbeit anhand Ihrer Stichworte, ob Sie den einzelnen Anforderungen gerecht geworden sind. Ergänzen Sie gegebenenfalls Ihre Ausführungen.
- Berücksichtigen Sie die oben genannten Aspekte schon bei Testklausuren. Üben Sie den Umgang mit Operatoren und das Erstellen eines „eigenen Anforderungsprofils“ in Stichwortform.

4 Die mündliche Prüfung

„Vor mündlichen Prüfungen bin ich viel nervöser als vor schriftlichen Prüfungen.“ Diese oder ähnliche Äußerungen hört man immer wieder. Geht man der Frage nach, warum das so ist, erfährt man, dass mündliche Prüfungen als schwieriger gelten, weil sie schwerer einzuschätzen sind als schriftliche. Es besteht die „Angst, etwas falsch zu machen“ oder es gibt die Befürchtung, dem Prüfer während der Prüfung „ausgeliefert“ zu sein und damit nur einen geringen Einfluss auf die eigene Note zu haben.
In der Regel beruhen diese Ängste auf einer falschen Einschätzung der Prüfungssituation einer mündlichen Prüfung und auf der Angst, vor einer kleinen Gruppe unter Stress nahezu frei sprechen zu müssen. Hinzu kommen oft auch Schwierigkeiten bei der Prüfungsvorbereitung. Häufige Fragen sind: Worin liegt der Unter-

schied zu einer schriftlichen Prüfung? Wie gehe ich mit der Prüfungssituation um? Wie bereite ich mich speziell auf mündliche Prüfungen vor?
Diese Fragen sollen auf den nächsten Seiten mit dem Ziel beantwortet werden, die Ängste vor einer mündlichen Prüfung zu minimieren und mündliche Prüfungen kalkulierbarer zu machen.

Ablauf der mündlichen Prüfung

An eine mündliche Prüfung werden in Bezug auf den fachlichen Inhalt die gleichen Anforderungen gestellt wie an eine schriftliche Prüfung. Allein die Darbietungsform, die Dauer und damit der Umfang des zu bearbeitenden Stoffes und der Ablauf der Prüfung unterscheiden sich. Während man bei einer Klausur länger nachdenken kann, sich Phasen des Nachdenkens und des Schreibens immer wieder abwechseln und Falsches durchgestrichen und korrigiert werden kann, ist der Ablauf einer mündlichen Prüfung stärker vorgegeben.
Über die Lösung/Bearbeitung der gestellten Aufgabe hinaus geht es in der mündlichen Prüfung vor allem darum, die Fähigkeit nachzuweisen, dass Sie einen mündlichen Vortrag gestalten können. Dabei kommt es darauf an, sich klar strukturiert, zusammenhängend und in sprachlich korrekter und angemessener Weise äußern, auf Fragen der Prüfer reagieren und eingehen zu können. Gegebenenfalls sollten Sie eigene Beiträge zu weiteren Aspekten der Aufgabenstellung einbringen sowie den eigenen Standpunkt deutlich darstellen und begründen.
Der genaue Ablauf der Prüfungen ist in den einzelnen Bundesländern unterschiedlich geregelt. Nach einer Vorbereitungszeit von circa einer halben Stunde werden die ersten zehn Minuten des meistens 20-minütigen Prüfungsgesprächs selbständig gestaltet. Die Prüfer unterbrechen in dieser Phase nur dann, wenn sich abzeichnet, dass die Beantwortung der Frage in eine gänzlich falsche Richtung tendiert.
Dieser ersten Hälfte kommt daher eine große Bedeutung zu, da Sie diese Zeit nutzen können, Ihren Lösungsansatz in geordneter Weise möglichst korrekt und unter Verwendung von Fachbegriffen darzustellen. Die zweite Hälfte der Prüfung wird von den Prüfern darauf gerichtet sein, den ersten Eindruck durch Fragen eines entsprechenden Schwierigkeitsgrades zu bestätigen. Hier können Sie sich bewähren und zeigen, dass Ihre Antworten auf einem breiten Verständnis des Stoffes beruhen und dass Sie über ein Grundlagenwissen hinaus auch Detailwissen abrufen können. Ist die erste Hälfte der Prüfung weniger gut gelaufen, sollten Sie diese Phase als Chance begreifen. Die Prüfer geben in der Regel durch gezielte Fragen „Tritthilfen". Wenn Sie diese Fragen gut und umfassend beantworten, sollte es Ihnen gelingen, die Prüfer von Ihrem Wissen zu überzeugen.

Langfristige Vorbereitung auf die mündliche Prüfung

Im Rahmen einer mündlichen Prüfung kommt es darauf an, Wissen schnell abrufen zu können und Zusammenhänge zwischen Sachverhalten zu erkennen. Bei der Vorbereitung auf eine mündliche Prüfung ist es daher besonders wichtig, Begriffe nicht isoliert, sondern eingebettet in ein Begriffsnetz zu lernen.

Schließen Sie die Vorbereitung auf die Prüfung drei Tage vor der Prüfung ab. Wenn Sie noch bis zum Tag vor der Prüfung lernen, besteht die Gefahr, dass Sie in der Prüfung Schwierigkeiten haben, das Wissen vernetzt und strukturiert abrufen zu können.

Allerdings können Sie sich noch bis unmittelbar vor der mündlichen Prüfung mit der Simulation der Prüfungssituation beschäftigen. Bereits vorhandenes Wissen wird so immer wieder aktiviert und dadurch gefestigt. Neben der Festigung des Wissens können Sie vor allem durch die zeitliche Simulation der Prüfungssituation ein großes Maß an Routine, Strukturierungsfähigkeit und Zeitgefühl erlangen. Lassen Sie sich von Ihrem Lehrer oder Ihrer Lehrerin Übungsaufgaben aus früheren Prüfungen geben, suchen Sie im Internet nach Aufgaben oder verwenden Sie die Aufgaben dieses Abi-Prüfungstrainers.

Die Simulation einer Prüfungssituation gelingt vor allem in kleineren Lerngruppen. Hier können Ihnen die anderen dabei helfen, indem sie Ihren Prüfungsvortrag besprechen. Sinnvoll ist es, einen Tag vor der Prüfung auch diese Aktivitäten einzustellen und sich etwas Ruhe zu gönnen. Entspannen Sie sich, lesen Sie etwas ganz anderes, schauen Sie fern oder unternehmen Sie etwas Schönes.

Vor der Prüfung

Stehen Sie so frühzeitig auf, dass Sie noch Zeit haben, in Ruhe zu frühstücken oder zu Mittag zu essen. Essen Sie etwas Leichtes. Planen Sie genügend Zeit ein, um zur Schule zu kommen.

Die Frage nach der Bekleidung wird von vielen Schülerinnen und Schülern unterbewertet. Ihre Kleidung sollte sauber, bequem und nicht zu auffällig sein. Bedenken Sie, dass der äußere Eindruck die Prüfer unbewusst beeinflusst.

Die unmittelbare Prüfungsvorbereitung

Sie gestalten Ihren Vortrag selbst. Die Planung des Prüfungsgesprächs legt die Grundlage für die in der Prüfung abgelieferte Leistung. Nach Ausgabe der Aufgabe haben Sie in einem gesonderten Raum die Möglichkeit, die Aufgabe zu bearbeiten und Notizen zur Strukturierung Ihres Vortrags zu machen. Nehmen Sie zur besseren Abschätzung der Vorbereitungszeit eine Uhr mit.

Zuerst gilt es, die Aufgabenstellung in den inhaltlichen Kontext einzuordnen:

Welcher Themenbereich wird hier behandelt? Welche Mindmap müssen Sie vor Ihrem geistigen Auge aufrufen? Welche Aspekte eines Themas könnten hier angesprochen und erschlossen werden? Vor welchem sachlichen Hintergrund ist die Frage zu sehen?
Teilen Sie sich die Vorbereitungszeit ein. Verstehen Sie den folgenden Vorbereitungsfahrplan als Vorschlag für eine mögliche Zeiteinteilung.

Die ersten 5 – 10 Minuten
Lesen Sie die Aufgaben und Materialien aufmerksam und markieren Sie wichtige Abschnitte. Bei der Bearbeitung der Aufgaben sollten Sie die Operatoren beachten und aufgrund dieser herausfinden, was von Ihnen erwartet wird. Es ist von Anfang an sinnvoll, Notizen zu machen. Verwenden Sie dazu verschiedene Farben.
Beantworten Sie dabei die folgenden Fragen:
- Welches Wissen wird von mir im Zusammenhang mit der Aufgabenstellung erwartet?
- Wie soll mit dem vorgegebenen Material gearbeitet werden?
- Operatoren: Was genau soll interpretiert, erläutert oder verglichen werden?
- An welcher Stelle können vorhandene Aspekte durch eigenes Wissen erweitert und ausgebaut werden?
- Gibt es bei der Bearbeitung auch aufgrund des eigenen Wissens Schwerpunkte, die sich verstärkt in den Mittelpunkt der Bearbeitung der Aufgabe stellen lassen?

Die nächsten 10 Minuten
Notieren Sie sich zu den einzelnen Aufgaben Lösungsstichworte. Diese können Sie eventuell schon den eigenen Notizen entnehmen.
Sie sollten sich nur wenige Stichworte machen und diese möglichst übersichtlich und inhaltlich gegliedert auf einem Blatt Papier notieren. Schreiben Sie dabei nicht zu klein und lassen Sie ausreichend Platz zwischen den einzelnen Stichworten. Zusammenhänge zwischen einzelnen Teilen Ihres Lösungsansatzes lassen sich schon an dieser Stelle mit Pfeilen visualisieren.
Weitere wichtige Aspekte, die Ihnen während der Bearbeitung einfallen und die während des Vortrags von Bedeutung sein könnten, notieren Sie in den Zwischenräumen zwischen den einzelnen Lösungsstichpunkten.
Arbeiten Sie auf keinen Fall bis zum Ende der Vorbereitungszeit!

Die letzten Minuten
Bereiten Sie in der letzten Vorbereitungsphase das Prüfungsgespräch im Kopf vor:
Mit welcher Aufgabe oder welchem Aspekt der Aufgabe fangen Sie an?
Die Aufgabe, mit der Sie beginnen, sollte die Aufgabe sein, bei der Sie sich am sichersten fühlen. Ein sicherer Einstieg in ein Prüfungsgespräch ist wichtig, er beruhigt Sie, verleiht Souveränität und bekämpft das „Lampenfieber". Sollten Sie zu lange den Lösungsweg einer Aufgabe beschreiben, so wird der Prüfer Sie bitten, zur nächsten Aufgabe zu kommen.
Wo setzen Sie eigene Schwerpunkte bei der Darstellung?
Konzentrieren Sie sich dabei auf die Punkte der Aufgabe, zu denen Sie die meisten Wissensbausteine parat haben und daher am meisten erzählen können.
Welchen Aspekt der Aufgabe stellen Sie hintenan, weil Sie eventuell unsicher sind, ob Ihr Lösungsweg richtig ist?
Konzentrieren Sie sich lieber auf die Punkte, zu denen Sie viel erzählen können.

Der Prüfungsvortrag
Das Auftreten vermittelt genau wie die Rhetorik oder die Bekleidung einen Eindruck, der in die subjektive Bewertung der Prüfung mit einfließt. Sie signalisieren über die Körpersprache und Ihr Verhalten vor dem Prüfungskomitee Sicherheit oder auch Unsicherheit. Begrüßen Sie zu Beginn die Mitglieder der Prüfungskommission und nehmen Sie während der Prüfung mit allen hin und wieder Blickkontakt auf.
Ergreifen Sie im Prüfungsgespräch immer wieder die Initiative und lenken Sie das Gespräch auf Ihre starken Wissensbereiche. Lassen Sie keine Verlegenheit aufkommen, wenn Sie die Nachfrage des Prüfers nicht verstehen. Fragen Sie zurück und bitten Sie um eine Konkretisierung oder Wiederholung der Frage.
Wenn es das Prüfungsverfahren zulässt, ist es sinnvoll, etwas an einer Karte zu zeigen oder an der Tafel zu skizzieren. Dies ist eine willkommene Abwechslung im Gespräch und zeigt, dass Sie als Prüfling souverän mit fachspezifischen Methoden umgehen können.
Die Prüfer machen sich schneller ein Bild, als der Prüfling ahnt. Schon in den ersten Minuten schätzen sie die Prüfungsleistung ein und ordnen sie einem Notenbereich zu. Dies ist zwar noch kein abschließendes Urteil, aber eines, das das Endergebnis prägt.
Gegen die Aufregung hilft es, wenn Sie zu Beginn der Prüfung das Thema der Prüfung und die Aufgabenstellung nennen. So haben Sie etwas Zeit, bevor Sie zu den eigentlichen Inhalten kommen.

Geben Sie bei der Beantwortung immer an, auf welche Aufgaben Sie sich gerade beziehen und teilen Sie dem Komitee mit, wenn Sie zur Bearbeitung der nächsten Aufgabe übergehen.
Schwierigkeiten bei der Beantwortung oder während der Bearbeitung entstandene Probleme beim Verständnis des Materials oder der Aufgabenstellung können im Prüfungsgespräch kaschiert werden, indem Sie die Schwierigkeit bewusst nennen, aber auch gleich äußern, wie Sie mit dieser Schwierigkeit umgehen wollen. Souverän wirkt es, wenn Sie Ihren Vortrag mit einem kurzen Hinweis beenden.

Die Dos and Don'ts des Prüfungsgesprächs

- Suchen Sie den Blickkontakt zu Ihrem Gesprächspartner (Prüfer).
- Sprechen Sie laut und deutlich.
- Sprechen Sie nicht zu schnell – Ihre Stimme könnte Ihre Gedanken „überholen".
- Gehen Sie bei der Beantwortung der Fragen immer vom Allgemeinen zum Speziellen.
- Sprechen Sie immer in ganzen Sätzen.
- Beachten Sie, dass Sie sich möglichst unter Verwendung einer Fachsprache äußern – Sie zeigen dadurch, dass Sie im Thema sind.
- Versuchen Sie auch dann auf Fragen des Prüfers zu antworten, wenn Sie nichts oder nur sehr wenig dazu wissen.
- Sollten Sie zu einer Frage oder Nachfrage nichts wissen, scheuen Sie sich nicht nachzufragen oder um eine kleine Hilfe zu bitten.
- Machen Sie sich nicht von Anfang an schlecht. Wenn Sie eine negative Selbsteinschätzung ausstrahlen, wirkt sich dies auch auf die Prüfer und die Prüfungssituation aus.

Die Präsentationsprüfung

In einigen Bundesländern gibt es für Erdkunde als fünftes Abiturfach eine so genannte „Präsentationsprüfung". Bei dieser Form der mündlichen Prüfung handelt es sich um eine mediengestützte Präsentation eines selbst gewählten Themas. In manchen Bundesländern kann diese Prüfung auch als Gruppenprüfung abgelegt werden.

Original-Aufgabe 1

Fachgebiet	Geoökosysteme der Erde
Kapitel	Geomorphologische Grundlagen
Thema	Fließendes Wasser als formbildende Kraft
Weitere Themenbereiche	Fluvioglaziale Prozesse
Niveau/Jahr	Leistungskurs/2007

Aufgabenstellung

Das fließende Wasser ist eine der bedeutendsten formbildenden Kräfte der Erdoberfläche. Einige der dabei relevanten Prozesse sollen im Folgenden untersucht werden.

1. In Abbildung 1 sind die Ergebnisse von Experimenten mit Materialien unterschiedlicher Korngröße in fließendem Wasser dargestellt.
   Arbeiten Sie die Wirkung unterschiedlicher Fließgeschwindigkeiten auf Sandpartikel (Korndurchmesser 0,5 mm), auf Schluff (Korndurchmesser 0,005 mm) sowie Kies (Korndurchmesser 10 mm) heraus. (6 VP)
2. Abbildung 2 zeigt, wie sich charakteristische Merkmale eines Flusses entlang eines Ideallängsprofils (Gleichgewichtsprofil) verändern.
   Erläutern Sie die für die verschiedenen Flussabschnitte dargestellten typischen fluviatilen Prozesse. (8 VP)
3. Der Wechsel von Warm- und Kaltzeiten veränderte die Bedingungen für die fluviatilen Prozesse in Mitteleuropa.
   Stellen Sie Ursache und Folgen des in Abbildung 3 dargestellten Sachverhaltes dar. (6 VP)

(20 VP)

Material

Abb. 1: Wirkung der Fließgeschwindigkeit auf Materialien unterschiedlicher Korngröße (vereinfacht)

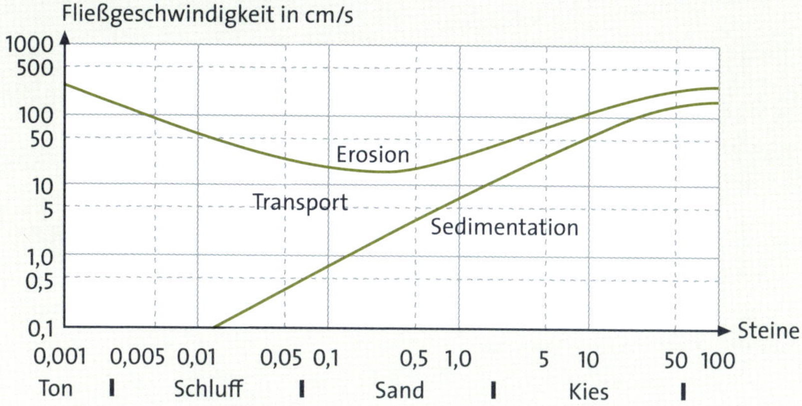

Abb. 2: Fluviatile Prozesse

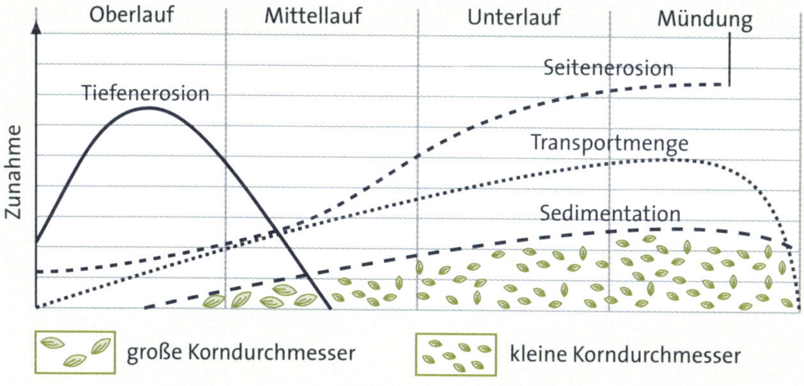

Abb. 3: Veränderung des Gleichgewichtsprofils

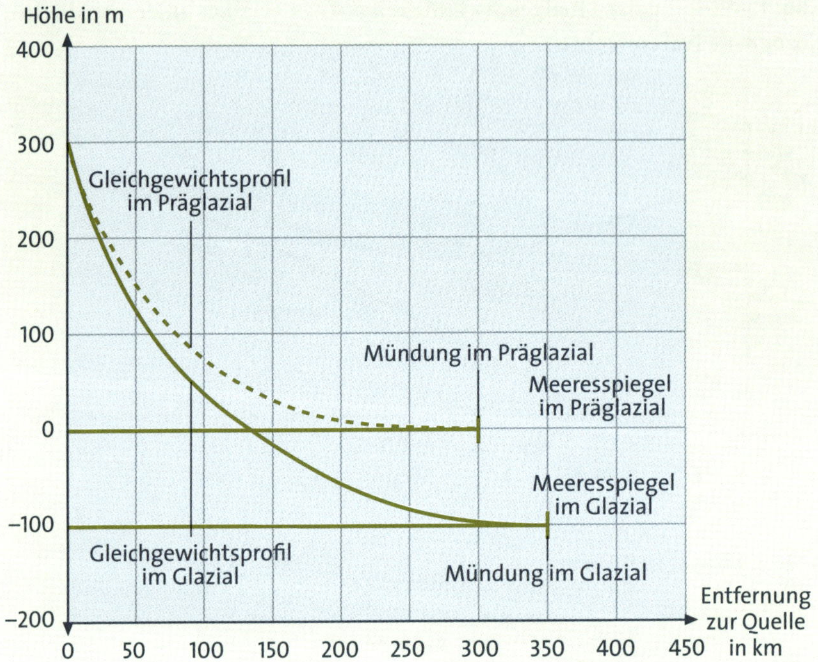

AKTIV-LÖSUNG 1

Anforderungsbereiche

Aufgabe	Anforderungsbereich	Bewertungseinheiten
1	I	6 von 20 / 30 %
2	II	8 von 20 / 40 %
3	II	6 von 20 / 30 %

Diese Aufgabe ist eine vollständige Abituraufgabe für einen Leistungskurs. Die Aufgabe ist eine von drei zu bearbeitenden Aufgaben. Die Bearbeitungszeit beträgt insgesamt 270 Minuten.

Checkliste zur Selbsteinschätzung

Worüber Sie vor dieser Prüfung Bescheid wissen sollten	Alles klar	Noch einmal nachlesen
Auswerten von Kurvendiagrammen mit mehreren Sachverhalten		
formbildende Kraft des Wassers in Abhängigkeit von der Fließgeschwindigkeit		
Unterschiede zwischen Tiefenerosion, Seitenerosion und Sedimentation in Abhängigkeit vom Gefälle		
Einflüsse der Eiszeiten auf Meeresspiegelschwankungen und Erosionsbasis		
Zusammenhang zwischen Änderung der Erosionsbasis und rückschreitender Erosion		

Hintergründe zur Tabellenauswertung auch im POCKET TEACHER ABI ERDKUNDE, Kapitel Geoökosysteme der Erde

Erwartungshorizont

- Kurvendiagramme richtig lesen und interpretieren, besonders bei Änderung der Skalierung und Abweichung der Leseart des Diagramms
- Erosion, Transport und Sedimentation in Abhängigkeit von der Fließgeschwindigkeit zuordnen und die Zusammenhänge erkennen
- fluviatile Prozesse kennen und den Flussabschnitten zuordnen
- Zusammenhang zwischen glazialen und fluviatilen Prozessen erklären
- Gleichgewichtsprofil eines Flusses kennen

Lösungsschritte

Um die vorliegende Prüfung zu lösen, sind folgende Arbeitsschritte sinnvoll	Alles klar
mit verschiedenen Farben die gegebenen Werte eintragen und die Schnittpunkte mit den Kurven bestimmen: Diagramm von oben nach unten lesen, da ohne Erosion weder Transport noch Sedimentation möglich	
Notizen zu den Fließgeschwindigkeiten bei Erosion, Transport und Sedimentation für die verschiedenen Korngrößen anfertigen	
Notizen jeweils zum Ober-, Mittel- und Unterlauf bezüglich Tiefenerosion, Seitenerosion, Transportmenge und Sedimentation erstellen und durch erklärende Notizen über unterschiedliches Gefälle, Fließgeschwindigkeit und Abflussmenge ergänzen	
wichtige Zahlenangaben zu Aufgabenstellung 3 und Diagramm Abb. 3 und notieren	
Zusammenhang zwischen Tieferlegung der Erosionsbasis während des Glazials und Bildung eines neuen Gleichgewichtsprofils auflisten	

Aktiv-Seiten

Notieren Sie Stichpunkte zu Abb. 1, indem Sie das Diagramm von oben (Erosion) nach unten (Sedimentation) lesen.

Notieren Sie die Zusammenhänge zwischen Tiefenerosion, Seitenerosion und Sedimentation im Zusammenhang mit Transportmenge, Fließgeschwindigkeit, Gefälle und Abflussmenge.

Notieren Sie sich Stichpunkte zur Abb. 3.

Ursachen der Veränderung des Gleichgewichtsprofils:

Folgen der Veränderung des Gleichgewichtsprofils:

Stichpunktlösung zum Vergleichen

Zu Aufgabe 1

- Sand der Korngröße 0,5 mm wird ab einer Fließgeschwindigkeit von ca. 20 cm/s erodiert
  Transport bis zu einer Fließgeschwindigkeit von 3 cm/s, darunter erfolgt Sedimentation
- Schluff der Korngröße 0,005 mm wird ab einer Fließgeschwindigkeit von ca. 100 cm/s erodiert
  Transport auch noch bei geringen Fließgeschwindigkeiten
- Kies der Korngröße 10 mm beginnt ab einer Fließgeschwindigkeit von 100 cm/s mit der Erosion
  sedimentiert ab einer Fließgeschwindigkeit von 70 cm/s

Zu Aufgabe 2

- im Oberlauf des Flusses:
  Fließgeschwindigkeit durch das starke Gefälle groß, obwohl die Abflussmenge geringer ist als im Unterlauf
  - hier starke Tiefenerosion und geringe Seitenerosion
  - Sedimentation sehr gering
  - Transport aller Korngrößen (vorwiegende Talformen: Klamm und Kerbtal)
- im Mittellauf des Flusses:
  - Abnahme des Gefälles und damit der Fließgeschwindigkeit
  - zunehmende Seitenerosion
  - sedimentiert wird Fracht mit großer Korngröße (vorherrschende Talform: Sohlental)
- im Unterlauf des Flusses:
  - Gefälle sehr gering
  - aufgrund der großen Abflussmenge durch verschiedene Zuflüsse jedoch Ansteigen der Transportmenge auch bei abnehmender Fließgeschwindigkeit
  - hohe Sedimentation, jedoch abnehmende Korngröße der sedimentierten Teilchen mit abnehmender Fließgeschwindigkeit
  - vorwiegend Seitenerosion (häufig Damm[ufer]flüsse)
- bei der Mündung:
  - keine Erosion mehr
  - Sortierung der mitgeführten Sedimente nach Korngröße, in Richtung Meer kleiner werdend abgelagert

Zu Aufgabe 3

- Erosionsbasis vor dem Glazial um etwa 100 m höher
- Absenkung des Meeresspiegels
- damit einhergehend Erosionsbasis des Flusses durch die Bindung von Wasser in Form von Eis während des Glazials
- dadurch Zunahme der Tiefenerosion
- Tieferlegung des gesamten Flussverlaufes bis zur Quelle (hier bei 300 m Höhe) durch rückschreitende Erosion
- damit neues Gleichgewichtsprofil des Flusses

ORIGINAL-AUFGABE 3

Fachgebiet	Geoökosysteme der Erde
Kapitel	Bodenökologische Grundlagen
Thema	Die Wälder der Erde: Klima und Boden
Weitere Themenbereiche	Geschlossener Nährstoffkreislauf in den Tropen
Niveau/Jahr	Leistungskurs/2007

Aufgabenstellung

Klima und Boden (20 BE)

1. Erläutern Sie das Zustandekommen der optimalen Wachstumszonen und Wachstumsphasen der Vegetation anhand der in Anlage 1 dargestellten thermischen und hygrischen Verhältnisse!
2. Stellen Sie die Ursachen für das in der Regel eingeschränkte ackerbauliche Potenzial der Böden im tropischen Regenwald und im borealen Nadelwald dar!

Material

Anlage 1:

Thermische und hygrische Verhältnisse und die daraus resultierenden optimalen Wachstumszonen und Wachstumsphasen der Vegetation in verschiedenen Breiten- und Höhenlagen, bezogen auf die Westseiten der Kontinente

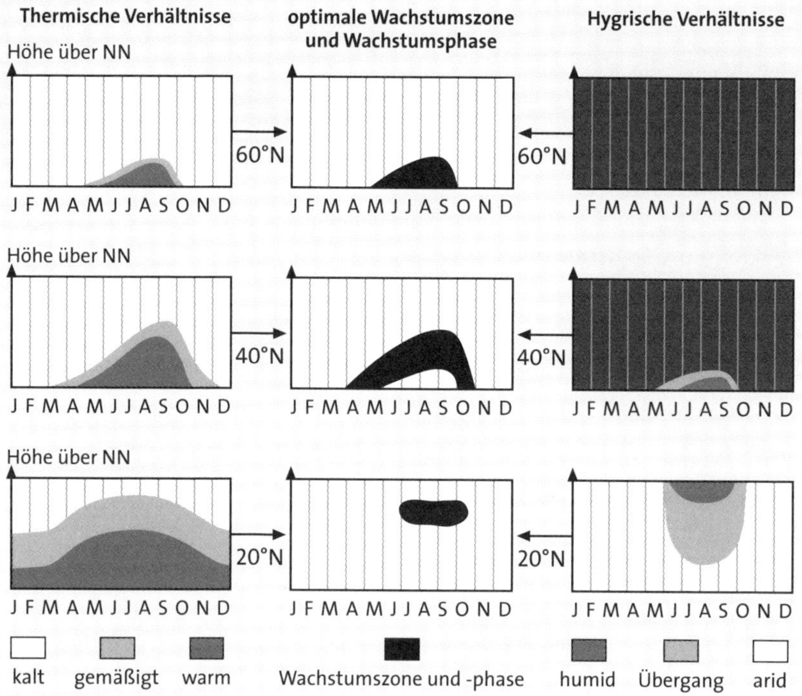

AKTIV-LÖSUNG 3

Anforderungsbereiche

Aufgabe	Anforderungsbereich	Bewertungseinheiten
1	I + II	
2	I + II	20 / 60

Diese Aufgabe ist Teil einer Aufgabe zum Thema „Die Wälder der Welt: Klima und Boden“, bei der insgesamt 60 Bewertungseinheiten zu erzielen sind. 20 BE entfallen auf diesen Teil.

Checkliste zur Selbsteinschätzung

Worüber Sie vor dieser Prüfung Bescheid wissen sollten	Alles klar	Noch einmal nachlesen
Lesen von Diagrammen (vgl. Kapitel „Methodenkompetenz“)		
Einfluss von Wärme und Feuchtigkeit auf das Wachstum der Pflanzen		
Abhängigkeit der Temperatur und des Niederschlages von Breiten- und Höhenlage		
Bodentypen und Bodenarten (Entstehung und Verteilung)		
Geschlossener Nährstoffkreislauf in den Tropen		

Hintergründe auch im POCKET TEACHER ABI ERDKUNDE, Kapitel Geoökosysteme der Erde: Bodenökologische Grundlagen

Erwartungshorizont

- Informationen aus einem mehrfach gegliederten Diagramm gewinnen
- Informationen aus Atlaskarten zusammentragen
- Bodenzonen, den Aufbau und Entwicklung kennen und ihre landwirtschaftliche Nutzbarkeit einordnen
- Unterschiede zwischen borealen Nadelwald und tropischem Regenwald benennen

Lösungsschritte

Um die vorliegende Prüfung zu lösen, sind folgende Arbeitsschritte sinnvoll	Alles klar
Aufgabenstellung und Diagramm lesen und erfassen	
aus dem Atlas die potenzielle natürliche Vegetation den entsprechenden Breitenkreisen zuordnen	
allgemeine Gesetzmäßigkeiten suchen, Notizen zu den einzelnen geographischen Breiten aus dem Diagramm machen	
Begründungen für die Gesetzmäßigkeiten suchen	
aus dem Atlas (Bodenkarte) die typischen Böden mit entsprechendem Profil der Karte entnehmen	
Notizen zur Entwicklung und Fruchtbarkeit der Böden machen	
bei der Antwort zu Aufgabe 2 eine Skizze des geschlossenen Nährstoffkreislaufes und des vorherrschenden Bodenprofils ergänzen	

Aktiv-Seite

Stellen Sie aus der Abbildung 1 die Änderung der hygrischen Verhältnisse von 20° bis 60° und die Änderung der thermischen Verhältnisse mit der Höhe dar.

Suchen Sie aus dem Atlas die vorherrschenden Böden des tropischen Regenwaldes und des borealen Nadelwaldes heraus und machen Sie Notizen zu ihrer Entwicklung.

Stichpunktlösung zum Vergleichen

Zu Aufgabe 1

- optimales Wachstum als Ergebnis von Wärme- und Feuchtigkeitsangebot (abhängig von geographischer Breite und Höhenlage)
- 20° – 60° Br.: Anstieg des Feuchtigkeitsangebots bis zu 12 humiden Monaten; gleichzeitiges Absinken der Temperatur von 12 auf 4 warme Monate im Jahr; mit zunehmender Höhe Anstieg der hygrischen Verhältnisse vor allem in warmen Gebieten (verringerte Verdunstung und höhere Niederschläge durch Abnahme der Temperatur mit der Höhe)
- borealer Nadelwald (60° Br.): optimales Wachstum 5 Monate (Mai bis September) vor allem in tiefer gelegenen Bereichen; Wärmeangebot entscheidend
- sommergrüner Mischwald/Gebirgsnadelwald (40° Br.): optimales Wachstum 7 Monate (April bis Oktober), eingeschränkt durch aride Phase (Juli bis September); aber größeres Wärmeangebot in arider Phase
- Savannen (20° Br.): optimales Wachstum Juli bis Oktober in höheren Lagen; Mangel an Feuchtigkeit entscheidend

Zu Aufgabe 2

- Tropischer Regenwald:
  - vor allem lateritische Böden
  - starke, tiefgründige, chemische Verwitterung (hohe Niederschläge, hohe Temperaturen); Böden tiefgründig ausgewaschen
  - vor allem Zweischichttonminerale mit geringer Kationenaustauschkapazität, geringem Nährstoffgehalt und -speichervermögen
  - Wachstum über geschlossenen Nährstoffkreislauf
  - bei Unterbrechen des Kreislaufes Erosion der dünnen Humusschicht, Auswaschung der Nährstoffe und Rückgang der ackerbaulichen Erträge
- Borealer Nadelwald:
  - podsolisierte Böden unter Nadelwäldern bei niedrigen Temperaturen
  - schlechte Zersetzung der Streu → Huminsäuren, die Auswaschung (Nährstoffe, Eisen- und Manganverbindungen) und Bleichung des B-Horizontes bewirken
  - Anlagerung der ausgewaschenen Verbindungen im unteren Bereich des B-Horizontes, evtl. Bildung einer wasserundurchlässigen Ortssteinschicht (führt im Permafrostbereich zu Staunässe und Vermoorung)
  - eingeschränkte ackerbauliche Nutzung durch Staunässe und geringen Nährstoffgehalt

ORIGINAL-AUFGABE 4

Fachgebiet	Geoökosysteme der Erde
Kapitel	Geoökosysteme und Landnutzung
Thema	Spanien: Naturraum/Landwirtschaft
Weitere Themenbereiche	Wasserversorgung
Niveau/Jahr	Grundkurs/2007

Aufgabenstellung

1. Naturraum und Wasserwirtschaft (22 BE)
   1.1 Erklären Sie die in Anlage 1 dargestellten jährlichen Abflusssummen, und begründen Sie die Wasserüberschüsse und -defizite in den Flusseinzugsgebieten Spaniens!
   1.2 Anlage 1 zeigt Verlauf und Einleitungsvolumen der geplanten Ebro-Überleitung.
   Stellen Sie die Erwartungen dar, die mit derartigen Projekten verbunden sind, und bewerten Sie die Ebro-Überleitung im Hinblick auf mögliche Chancen und Probleme!
2. Landwirtschaft (18 BE)
   2.1 Die Provinz Huelva (Andalusien) hat sich zum größten Anbaugebiet für Erdbeeren in Europa entwickelt.
   Zeigen Sie auch unter Einbeziehung von Anlage 2 Gründe für diese Spitzenstellung auf!
   2.2 Seit einigen Jahren arbeiten im Erdbeeranbaugebiet von Huelva neben nordafrikanischen auch polnische Erntehelfer.
   Stellen Sie die Ursachen dieser Saisonarbeiterwanderungen dar und arbeiten Sie damit einhergehende Probleme für die ausländischen Saisonarbeiter heraus!

Material

Anlage 1: Hydrologische Verhältnisse in Spanien

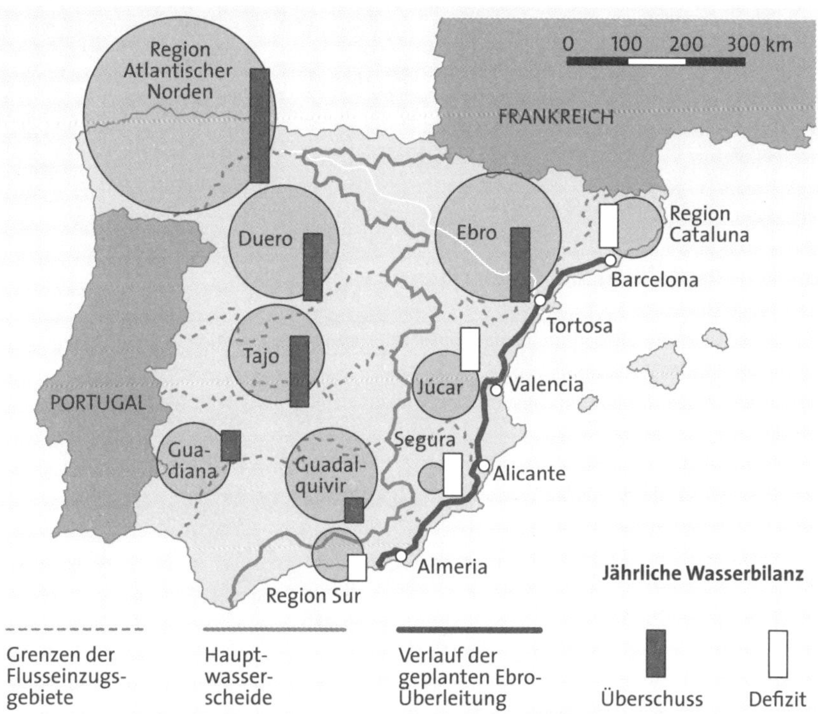

jährliche Abflusssumme in hm^3 ($1 hm^3$ = 1 Mrd. Liter)

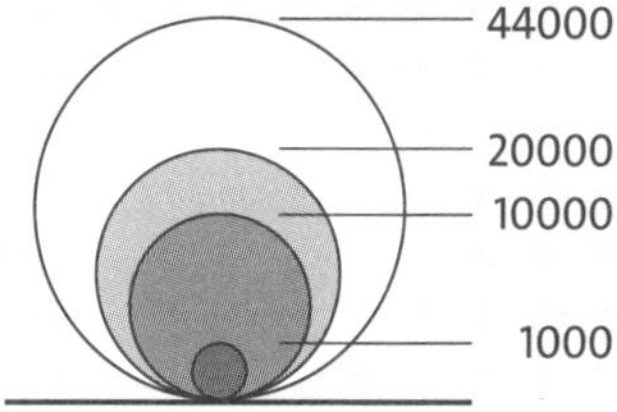

jährliche Wasserbilanz (hm^3)

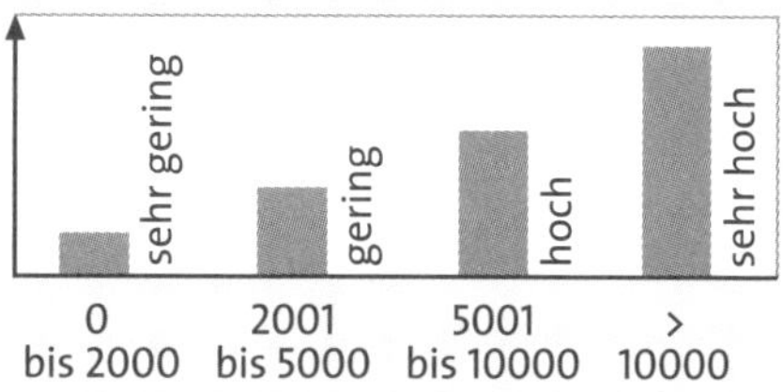

Ebro-Überleitung: Einleitungsvolumen und Entfernungen

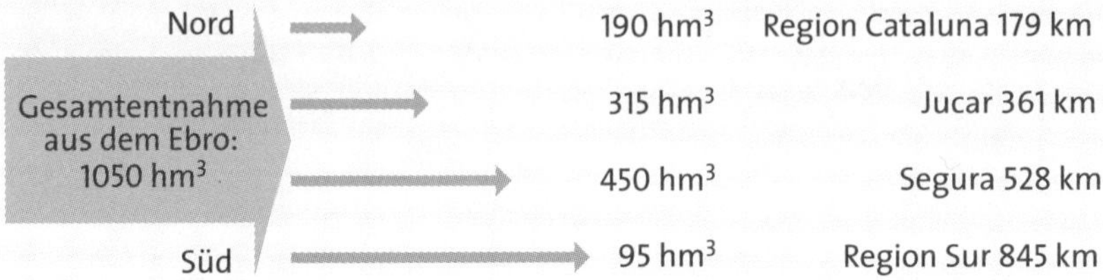

Anlage 2: Produktion und Vermarktung von Erdbeeren

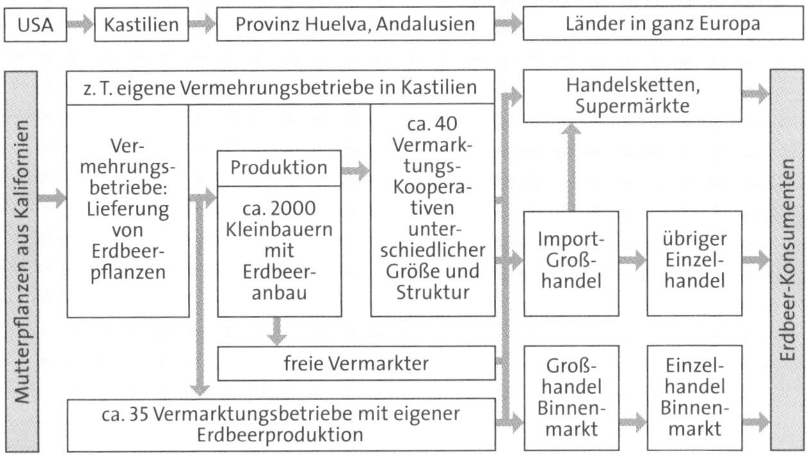

Aktiv-Lösung 4

Anforderungsbereiche

Aufgabe	Anforderungsbereich	Bewertungseinheiten
1.1	II + III	10 / 60
1.2	II + III	12 / 60
2.1	II+ III	10 / 60
2.2	II + III	8 / 60

Diese Aufgabe ist Teil einer Aufgabe zum Thema „Spanien: Naturraum/Landwirtschaft“, bei der insgesamt 60 Bewertungseinheiten zu erzielen sind. 22 BE entfallen auf Aufgabe 1, 18 BE auf Aufgabe 2.

Checkliste zur Selbsteinschätzung

Worüber Sie vor dieser Prüfung Bescheid wissen sollten	Alles klar	Noch einmal nachlesen
Methodenkompetenz (vgl. Kapitel „Methodenkompetenz“)		
beeinflussende Faktoren für die Wasserbilanz von Flüssen		
Nutzung des Mittelmeerraumes, v. a. landwirtschaftliche Produktion mit Bewässerungs- und Anbaumethoden		
Wasserversorgung, Wasserkonflikte und Wasserprojekte in Südeuropa		
Industrialisierung der Landwirtschaft, horizontale und vertikale Integration		
Arbeitermigration		

Hintergründe auch im Pocket Teacher ABI Erdkunde, Kapitel Geoökosysteme der Erde: Geoökosysteme und Landnutzung

Erwartungshorizont

- Informationen aus einem mehrfach gegliederten Diagramm gewinnen
- Informationen aus Atlaskarten zusammentragen
- Darstellung der verschiedenen Einflüsse auf die Abflussmengen von Flüssen
- Erklärung der Entstehung von Wasserüberschuss- und Wasserdefizitgebieten
- Gründe für den Bau von Kanälen und Bewertung eines Projektes
- Erarbeitung der Industrialisierung und Globalisierung eines landwirtschaftlichen Produktes
- Darstellung der Push- und Pull-Faktoren für Wanderarbeiter innerhalb und außerhalb der EU und der damit verbundenen Probleme

Lösungsschritte

Um die vorliegende Prüfung zu lösen, sind folgende Arbeitsschritte sinnvoll	Alles klar
Notizen über die Verteilung der Abflusssummen (Diagramm) machen	
im Atlas Informationen zu Niederschlagsverteilung, Relief, Temperaturen und Nutzung heraussuchen und mit Abflusssummen in Beziehung setzen	
Notizen über die Verteilung der Wasserüberschüsse und Defizite machen	
Gründe für starken Wasserverbrauch und Wasserzufuhr suchen (natürlich und anthropogen bedingt) und diese mit den Notizen in Beziehung bringen	
Stichworte zu den Erwartungen suchen, dabei auch die Notizen der vorigen Teilaufgabe berücksichtigen	
zur Bewertung die in der Anlage gegebenen Werte der Defizite mit der Ebro-Überleitung vergleichen, dabei die Folgen für die betroffenen Regionen unter Einbeziehung der naturräumlichen Voraussetzungen bedenken	
Notizen zu modernen Anbaumethoden im Mittelmeerbereich machen	
Stichworte für den Vorteil von Monokulturen und regionalen Zusammenschlüssen zusammentragen	
vertikale/horizontale Integration bei der Erdbeerproduktion herausarbeiten	
Push- und Pull-Faktoren für ausländische Saisonarbeiter suchen, Probleme durch Wanderung notieren	

Aktiv-Seite

Notieren Sie aus dem Atlas Informationen zu Niederschlagsverteilung, Relief, Temperaturen und landwirtschaftlicher Nutzung in Spanien.

Welche natürlichen und anthropogenen Gründe bedingen den starken Wasserverbrauch und die Wasserzufuhr eines Flusses?

Notieren Sie Push- und Pull-Faktoren für polnische und nordafrikanische Saisonarbeiter.

Stichpunktlösung zum Vergleichen

Zu Aufgabe 1.1

- Abflusssummen werden bestimmt von:
  - jährlichen Niederschlagsmengen: Küstenregion im NW niederschlagsreich, das Binnenland und die Mittelmeerküste niederschlagsarm ☐
  - Relief: durch Lage in der Westwindzone niederschlagsreiche W-Seiten und niederschlagsarme O-Seiten durch Steigungsregen (Beispiele aus Atlas) ☐
  - Einzugsbereich der Flüsse: durch Lage der Hauptwasserscheide weit im Osten Spaniens sind Einzugsbereiche der westlichen Flüsse größer, führen daher mehr Wasser ☐
  - Verdunstung, bestimmt durch Temperatur: je weiter südlich die Flüsse, desto höher die Verdunstung und desto geringer der Abfluss ☐
- Wasserdefizitgebiete:
  - entlang der Mittelmeerküste ☐
  - arides Klima und hoher Wasserverbrauch durch intensive landwirtschaftliche Nutzung, Tourismus, Industrie und Versorgung der Ballungsgebiete ☐
  - Ausnahme: Ebro-Mündung durch die hohen Abflusssummen aus dem atlantischen Norden ☐
- Wasserüberschussgebiete:
  - im Rest des Landes; Abnahme der Überschüsse von Nord nach Süd durch geringere Abflusssummen (s. oben) ☐

Zu Aufgabe 1.2

- Erwartungen:
  - Versorgung der Wasserdefizitgebiete an der Mittelmeerküste ☐
  - Intensivierung der Landwirtschaft durch ausreichende Bewässerung und Ausweitung der Bewässerungsflächen ☐
  - Schaffung von Arbeitsplätzen in den verschiedenen Wirtschaftssektoren ☐
  - Versorgung der Zuwanderungs- und Wachstumsräume an der Mittelmeerküste (Bevölkerung, Industrie und Tourismus) ☐
  - Energiegewinnung durch den Bau von Wasserkraftwerken ☐
- Bewertung:
  - Wasserdefizit der betroffenen Regionen ist größer als das Einleitungsvolumen von 1050 hm^3 ☐
  - weitere Versorgungsmöglichkeiten (z. B. Tajo-Segura-Projekt) notwendig ☐
  - lange Überleitungswege von bis zu 845 km Richtung Süden; Folge: hohe Kosten und große Wasserverluste durch Verdunstung ☐

- hohe Kosten für Pumpanlagen zur Überwindung der Reliefunterschiede
- negativer Einfluss auf die Ökosysteme im Ebro-Bereich durch die Wasserentnahme, vor allem durch Eindringen von Salzwasser
- Gefahr der Bodenversalzung durch falsche Bewässerung vor allem im Süden
- möglicherweise großer Beitrag zur Wasserversorgung der Mittelmeergebiete Spaniens, vor allem der Zentren am Golf von Valencia und der Costa Blanca durch das Projekt

Zu Aufgabe 2.1

- Gründe für die Spitzenstellung der Provinz Huelva als Erdbeeranbaugebiet:
  - Intensivierung der Landwirtschaft durch Tröpfchenbewässerung, Flüssigdüngung
  - ganzjähriger Anbau im Süden Spaniens möglich durch Anlage von unbeheizten Folienhäusern und Folientunneln
  - Agglomerationsvorteile durch Spezialisierung und Anlage von Monokulturen in einer Region
  - schnellerer Transport und Vermarktung durch bessere Infrastruktur
  - Industrialisierung und Globalisierung der Landwirtschaft durch horizontale und vertikale Integration von Züchtung in den USA
  - Gründung eigener Vermehrungsbetriebe in Kastilien
  - Produktion auch in kleinbäuerlichen Produktionsbetrieben in Huelva
  - Bildung von Vermarktungskooperationen und Vermarktung europaweit über zahlreiche Handelsverflechtungen bis zum Verbraucher

Zu Aufgabe 2.2

- Ursachen der Wanderung von Saisonarbeitern aus Nordafrika und Polen:
  - erhöhter Arbeitskräftebedarf durch Steigung der Produktionsflächen
  - freie Arbeitsplatzwahl innerhalb Europas durch die Öffnung des europäischen Arbeitsmarktes
  - hohe Arbeitslosigkeit in den Herkunftsgebieten
  - höhere Löhne als in den Herkunftsgebieten
- Probleme für die ausländischen Saisonarbeiter durch die Wanderung:
  - Sinken der Löhne durch Konkurrenz zwischen afrikanischen und polnischen Arbeitern
  - Problem der Unterbringung und Versorgung der Arbeiter
  - Verlassen der Familien im Heimatgebiet
  - fehlender Arbeits- und Versicherungsschutz

ORIGINAL-AUFGABE 5

Fachgebiet	Disparitäten und Verflechtungen
Kapitel	Sozioökonomischer Entwicklungsstand
Thema	Ägypten – Tourismus und Bevölkerungs- und Stadtentwicklung
Weitere Themenbereiche	Entwicklungsländer Urbanisierung
Niveau/Jahr	Grundkurs/2007

Aufgabenstellung

1. Tourismus (20 BE)
   - 1.1 Beschreiben und erklären Sie anhand der Anlage 1 Veränderungen im ägyptischen Ausländertourismus!
   - 1.2 Zeigen Sie Chancen und Probleme der touristischen Erschließung von Entwicklungsländern wie Ägypten auf!
2. Bevölkerungs- und Stadtentwicklung (20 BE)
   - 2.1 Anlage 2 zeigt Daten zur Bevölkerungsentwicklung von Ägypten und Äthiopien.
     Ordnen Sie die Kurven jeweils einem Staat zu, indem Sie die wesentlichen Unterschiede herausarbeiten und begründen!
   - 2.2 Seit den 1970er Jahren entstehen verstärkt staatlich geförderte „New Towns" in den Wüstengebieten um Kairo.
     Stellen Sie mit Hilfe von Anlage 3 Ziele dieses Urbanisierungsprogramms dar und erläutern Sie mögliche Gründe, warum dieses Programm bislang hinter den Erwartungen zurückgeblieben ist!

Material

Anlage 1: Veränderungen im Ausländertourismus in Ägypten

Regionale Verteilung der Bettenkapazitäten in Ägypten
(in den Jahren 1992 und 2002 in Hotels mit internationalem Standard)

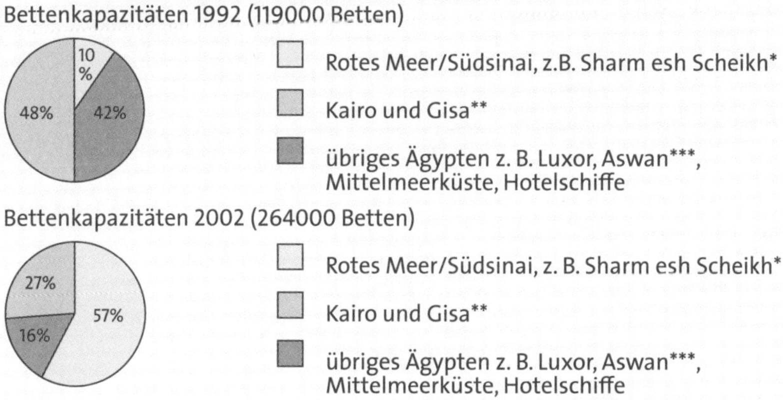

*Sharm esh Scheikh = Sharm El Sheik; **Gisa = Giseh, Gisch, El Giza; ***Aswan = Assuan

Ausländertourismus in Ägypten
(Gästzahlen und Diviseneinnahme in den Jahren 1990 bis 2004)

Jahr	Anzahl der Gäste in Mio.	Anzahl der Gäste pro Nacht	Deviseneinahmen in Mrd. US-$
1990	2,6	7,7	1,6*
1992	3,2	6,8	keine Daten
1994	2,6	6,0	2,0
1996	3,9	6,1	3,2
1998	3,5	5,9	2,6
2000	5,5	6,0	4,3
2002	6,1	6,3	3,8
2004	9,9	10,1	5,5

* Daten von 1989

Anlage 2: Entwicklung der Bevölkerung von Ägypten und Äthiopien in den Jahren von 1970 bis 2000

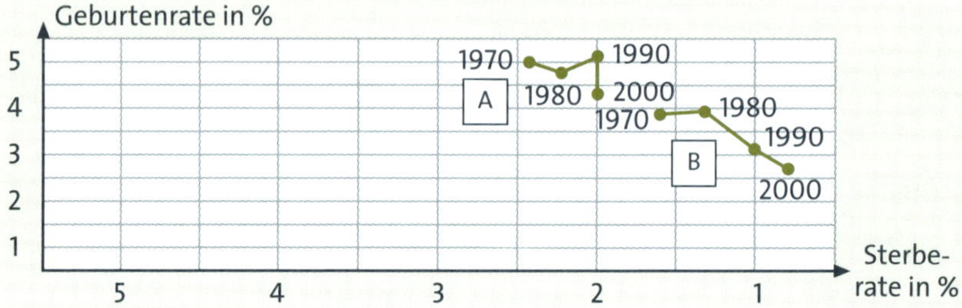

Anlage 3: „New Towns" in Ägypten

Ausgewählte Daten für die „New Towns" insgesamt

Fertiggestellte Wohnungen im Jahr 2004:	565 000 (zu 4 % bewohnt)
Anzahlungsbetrag für eine Wohnung im Jahr 1995:	1170,00 US-$
Monatliche Abzahlung:	17,00 US-$
Durchschnittlicher Monatsverdienst von Arbeitnehmern:	28,00 US-$

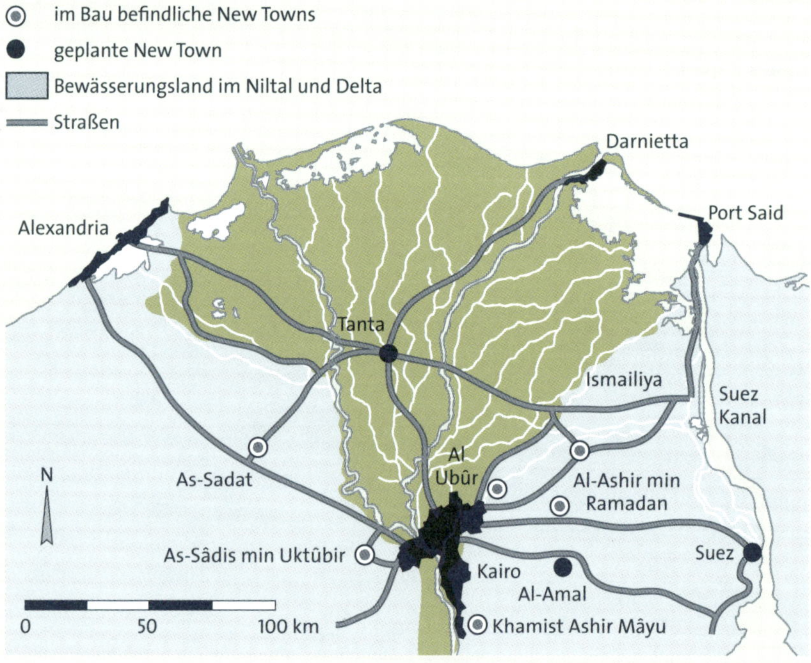

AKTIV-LÖSUNG 5

Anforderungsbereiche

Aufgabe	Anforderungsbereich	Bewertungseinheiten
1.1	I/II	10 / 60
1.2	II	10 / 60
2.1	II	10 / 60
2.2	III	10 / 60

Diese Aufgabe ist Teil einer Aufgabe zum Thema „Ägypten", bei der insgesamt 60 Bewertungseinheiten zu erzielen sind. Die Bearbeitungszeit für diese Aufgaben beträgt ca. 60 Minuten.

Checkliste zur Selbsteinschätzung

Worüber Sie vor dieser Prüfung Bescheid wissen sollten	Alles klar	Noch einmal nachlesen
Auswertung von Diagrammen und Tabellen (vgl. „Methodenkompetenz: Die Arbeit mit Tabellen und Statistiken", „Methodenkompetenz: Diagramme")		
Tourismus in Entwicklungsländern		
Zusammenhang zwischen der Bevölkerungsentwicklung und dem Entwicklungsstand eines Landes (demographischer Wandel)		
Auswerten von Karten (vgl. „Methodenkompetenz: Die Arbeit mit Karten")		
Dualismus zwischen Zentrum und Peripherie		

Hintergründe auch im POCKET TEACHER ABI ERDKUNDE, Kapitel Disparitäten und Verflechtungen: Sozioökonomischer Entwicklungsstand

Erwartungshorizont

- Informationen zur Entwicklung des Tourismus in Ägypten aus einer Tabelle und aus zwei Kreisdiagrammen gewinnen; diese Entwicklung erklären
- Vor- und Nachteile des Tourismus in Entwicklungsländern beschreiben
- Informationen zur Bevölkerungsentwicklung zweier Staaten aus zwei Kurven eines Diagramms gewinnen; einen Zusammenhang zum Entwicklungsstand herstellen; die Staaten den Kurven zuordnen
- aus einer Karte Ziele eines Urbanisierungsprogramms und Gründe für das Scheitern ablesen
- weitere mögliche Ursachen für den Misserfolg nennen

Lösungsschritte

Um die vorliegende Prüfung zu lösen, sind folgende Arbeitsschritte sinnvoll	Alles klar
die Veränderungen im ägyptischen Ausländertourismus aus den Diagrammen und aus der Tabelle stichwortartig notieren; dabei auf die Unterscheidung zwischen relativen und absoluten Werten achten	
bei der Erklärung für die Veränderungen auch die Aussagen der Materialien miteinander verknüpfen	
Vor- und Nachteile des Tourismus in Entwicklungsländern in einer Tabelle stichwortartig gegenüberstellen dabei ggf. auch über Ägypten hinaus auf andere im Unterricht behandelte Entwicklungsländer zurückgreifen	
Verlauf der beiden Kurven vergleichen, die Achsenbeschriftung beachten die Kurven den Staaten zuordnen; dabei an die Faktoren denken, welche die Geburten- und die Sterberate eines Staates beeinflussen Zuordnung begründen	
Ziele des Urbanisierungsprogramms aus Material und aus Atlaskarten (z. B. Bevölkerung in Afrika) stichwortartig notieren	
Gründe für den bisherigen Misserfolg aus der Karte ableiten, dabei vor allem auch Informationen in der Legende beachten weitere Ursachen des Dualismus zwischen Zentrum und Peripherie ergänzen	

Aktiv-Seite

Ordnen Sie die Kurven in Abbildung 2 den Staaten Ägypten und Äthiopien zu. Begründen Sie Ihre Wahl.

Stichpunktlösung zum Vergleichen

Zu Aufgabe 1.1

- Verdoppelung der Bettenkapazität in Ägypten zwischen 1992 und 2002
- überproportionaler Zugewinn an Bettenkapazität in der Region „Rotes Meer"; absolute und relative Abnahme in den Städten Kairo und Gisa; absolute Zunahme, aber relative Abnahme im übrigen Ägypten
- fast eine Vervierfachung der ausländischen Gäste zwischen 1990 und 2004 bei einigen Schwankungen
- längere Verweildauer der Gäste
- Zunahme der Deviseneinnahmen auf über 5,5 Mrd. US-Dollar im Jahr 2004, jedoch sinkende Einnahmen pro Gast
- erhöhte Gästezahl und längere Verweildauer durch Trend vom Kulturtourismus in den Städten hin zum Badetourismus (z. B. am Roten Meer), durch preisgünstigere Angebote jedoch auch Verringerung der Gewinnspanne pro Gast

Zu Aufgabe 1.2

Tourismus in Entwicklungsländern	
Chancen	Probleme
Austausch der Kulturen	Überfremdung
Deviseneinnahmen	Transfer der erwirtschafteten Gewinne ins Ausland
Ausbau der Infrastruktur auch für Einheimische	Erhöhung der Lebenshaltungskosten für Einheimische
Schaffung von Arbeitsplätzen im tertiären Bereich	ökologische Probleme (z. B. erhöhter Wasserverbrauch in ariden Gebieten)

Zu Aufgabe 2.1

- Verringerung der Geburten- und Sterberaten in beiden Staaten zwischen 1970 und 2000
- Staat B mit etwa 2,7 % im Jahr 2000 wesentlich geringere Geburtenrate gegenüber Staat A (etwa 4,3 %)
- Staat B mit unter 1 % auch wesentlich geringere Sterberate als Staat A (2 %)
- Staat B in späterer Phase des demographischen Wandels durch bessere medizinische Versorgung und verändertem regenerativen Verhalten
- Zuordnung: Staat B ist Ägypten, Begründung: höherer Entwicklungsstand; Staat A ist entsprechend Äthiopien

Zu Aufgabe 2.2

Ziele des Urbanisierungsprogramms:

- Dezentralisierung:
  - Entlastung vor allem der Stadt Kairo mit extrem hoher Bevölkerungsdichte
  - Stärkung der Passivräume in den Wüstengebieten
  - Schutz des Bewässerungslandes
- mögliche Gründe für bisherigen Misserfolg:
  - extrem geringe Auslastung der fertig gestellten Wohnungen durch hohen Anzahlungsbetrag und hohe monatliche Abzahlungen mit über 50 % des monatlichen Durchschnittseinkommens
  - Unattraktivität der „New Towns" durch wenig bewohnte Wohnungen in peripherer Lage („Geisterstädte")
  - mit teilweise über 50 km zu große Entfernungen zu den Zentren mit Arbeitsplätzen und zu weiteren infrastrukturellen Einrichtungen

ORIGINAL-AUFGABE 7

Fachgebiet	Disparitäten und Verflechtungen
Kapitel	Wachstumsräume
Thema	Zukunftsfähige Entwicklung durch Energierohstoffe? – Das Beispiel des Emirates Dubai
Weitere Themenbereiche	Wandel von Standortfaktoren Verkehrs- und Kommunikationsnetze in ihrer Bedeutung für die Verflechtung und Gestaltung von Räumen Wandel städtischer Strukturen unter dem Einfluss der Tertiärisierung Wirtschaftsfaktor Fremdenverkehr in seiner Bedeutung für die Quell- und Zielregion
Niveau/Jahr	Leistungskurs/2007

Aufgabenstellung

Thema: Zukunftsfähige Entwicklung durch Energierohstoffe? – Das Beispiel des Emirates Dubai

Aufgaben

1. Erläutern Sie unter Berücksichtigung der naturgeographischen Voraussetzungen den Ausbau Dubais zum modernen Wirtschaftsstandort. (40 Punkte)
2. Bewerten Sie die wirtschaftliche Entwicklung des Emirates unter dem Aspekt der Zukunftsfähigkeit. (44 Punkte)

Zugelassene Hilfsmittel

- der an der Schule in der Qualifikationsphase überwiegend verwendete Atlas, für alle Prüflinge die gleiche Auflage
- Wörterbuch der deutschen Rechtschreibung
- Taschenrechner

Material

M1: Atlaskarten nach Wahl

M2: Basisinformationen zu Dubai

Das Emirat Dubai gehört zur 1971 gegründeten Förderation der Vereinigten Arabischen Emirate (VAE). In den VAE gibt es keine politischen Parteien und auch keine Wahlen. Die Macht liegt bei den sieben Scheichs. Präsident der VAE ist traditionsgemäß das Staatsoberhaupt von Abu Dhabi, dem größten der sieben Scheichtümer, sein Stellvertreter ist Dubais Herrscher Scheich Mohammed Bin Rashid Al Maktoum. Dubai ist 3900 km^2 groß. Dominierendes Zentrum des Emirates ist die gleichnamige Hauptstadt Dubai. Zwar ist der Islam Staatsreligion, doch das Emirat wird verhältnismäßig liberal regiert. Es gilt unter den Golfstaaten als Steuerparadies. In Dubai fallen keine direkten Steuern an, insbesondere keine Einkommensteuer, und mit Ausnahme der Banken und der Erdölindustrie sind auch Unternehmen steuerfrei.

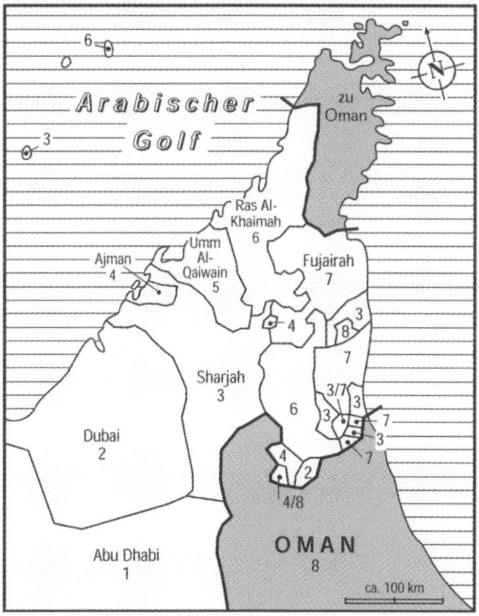

EMIRATE / ENKLAVEN:
1 = Abu Dhabi
2 = Dubai
3 = Sharjah
4 = Ajman
5 = Umm Al-Qaiwain
6 = Ras Al-Khaimah
7 = Fujairah
8 = Oman

Quellen: Scholz, F.: Die kleinen Golfstaaten. Perthes Länderprofile. Gotha und Stuttgart, 1999, S. 207;
Basler, M.: Oase im Höhenrausch. Süddeutsche Zeitung Nr. 83, S. 36 vom 8./9. 04. 2006

M3: Klimadiagramm Dubai

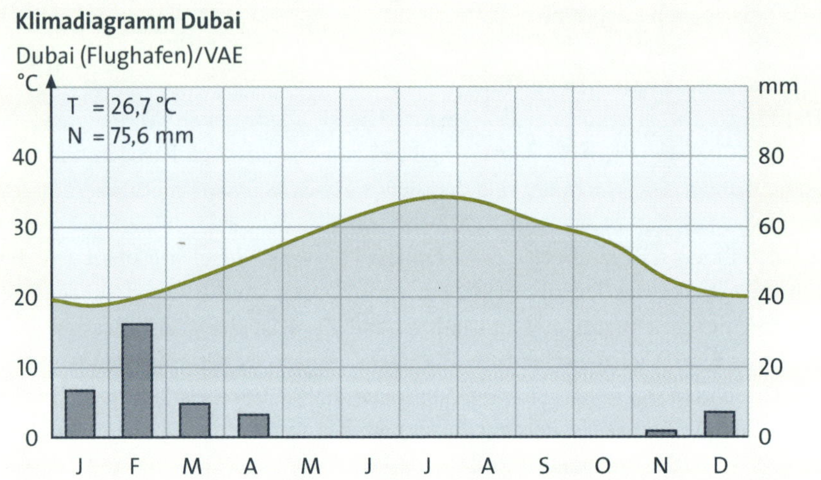

M4: VAE – Siedlungsentwicklung und Wirtschaftsausstattung

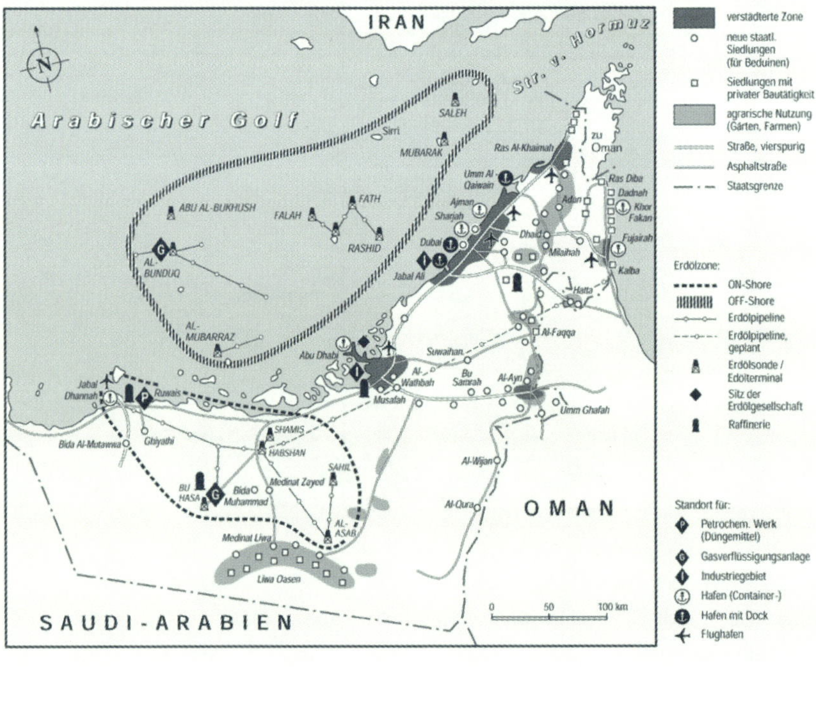

Anmerkung zu M4: Die ölinduzierte Entwicklung setzte in Dubai 1966 ein, als man das Fateh-Ölfeld im Golf entdeckte.

Quelle: wie M2 (Scholz), S. 228

M5: Die VAE – Erdöl und Erdgas (2002)

Emirat	Erdöl-reserven in Mio. t	Erdöl-produktion in Mio. t	Lebens-dauer der Reserven in Jahren	Erdgas-reserven in Mrd. m^3	Erdgas-produktion in Mrd. m^3	Lebens-dauer der Erd-gasre-serven	Staatsein-nahmen aus Erdöl- und Erd-gaspro-duktion in Mrd. US-$
Abu Dhabi	12 460	95	131	5 553	52,1	107	16,3
Dubai	540	14	39	113	3,4	33	2,4
VAE gesamt	13 216	111	120	5 978	74,5	80	19,1

Quelle: nach Oestreich, H., Schliephake, K.: Schwarzes Gold, weißes Pulver und künstliche Welten. Eine Analyse der wirtschaftlichen Entwicklung Dubais. In: geographie heute, H. 227, 2005, S. 41

M6: Dubai-City Fragmentierte Stadt – global integrierte Stadtfragmente

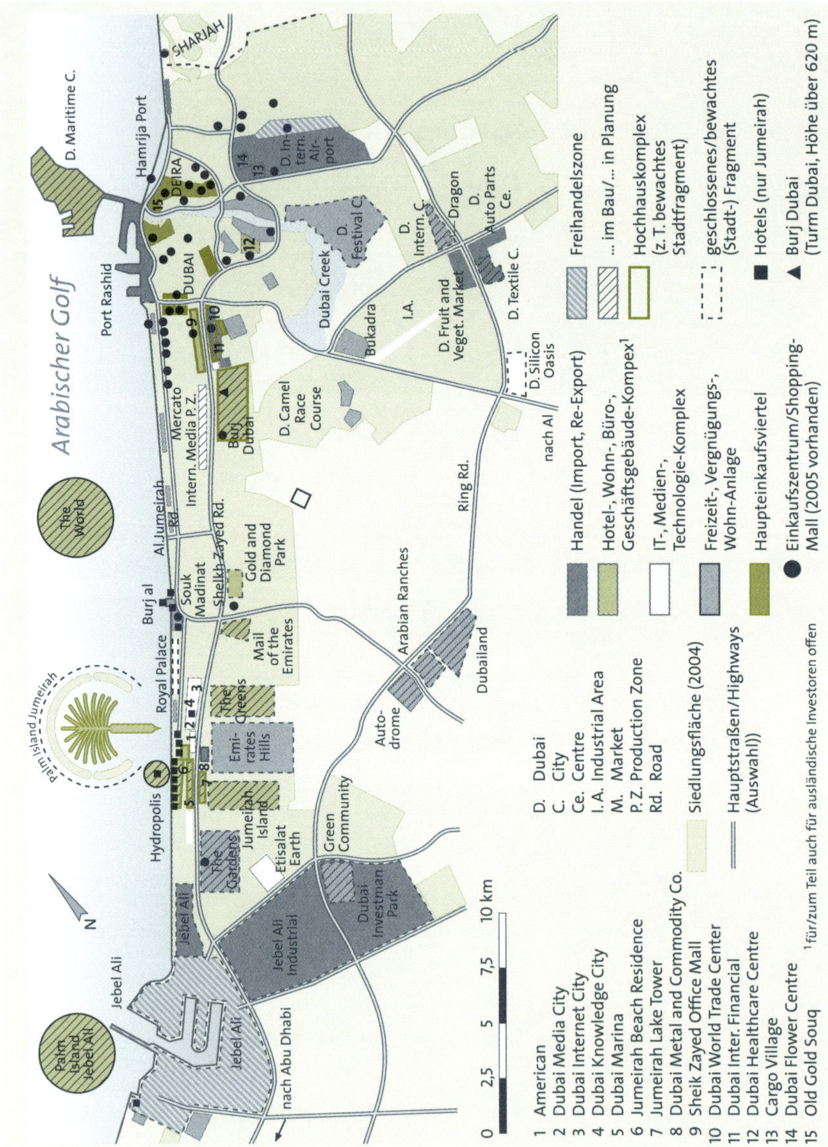

M7: Dubai Media-, Internet-City, Knowledge Village (Nr. 1, 2, 3, 4 in M6)

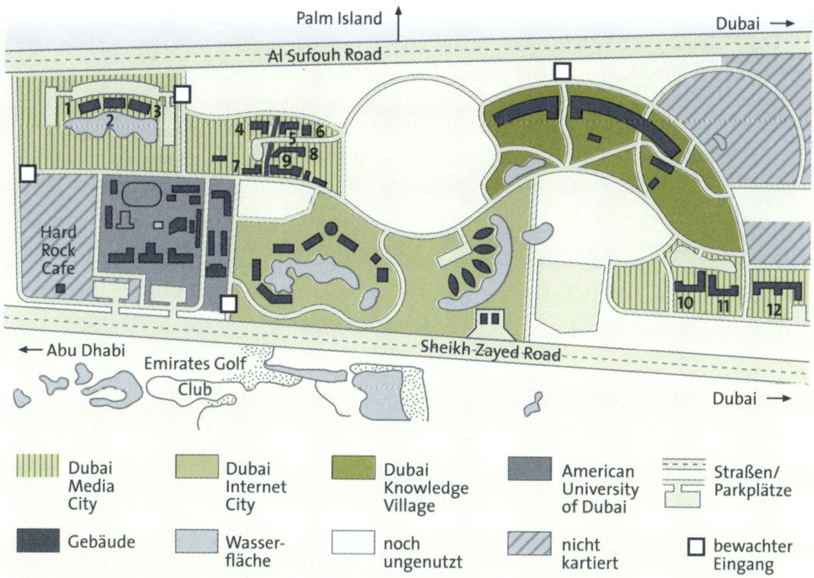

Anzahl der Firmen in Media-City nach Gebäuden: **1.** z. B. Reuters + 43 Firmen, **2.** z. B. CNN + 118 Firmen, **3.** mbc, **4.** z. B. Associated Press + 46 Firmen, **5.** z. B. Middle East Media Group + 42 Firmen, **6.** Ten Sports, **7.** z. B. Middle East North Africa + 31 Firmen, **8.** z. B. Space Toon + 141 Firmen **9.** z. B. CNBC + 45 weitere Firmen, **10.** z. B. Hawk Media FZ LLC + 67 Firmen, **11.** z. B. Al Yamamah Press East + 70 Firmen. **12.** Twenty First Century Publishing House FZ LLC + 3 Firmen

M8: Bevölkerungsentwicklung im Emirat Dubai (in 1000)

1975	1985	1995	2003
183,2	419,1	674,1	1204,0 davon in der Stadt Dubai: 1171,0

Quellen: wie M2 (Scholz), S. 229; Der Fischer Weltalmanach 2000 und 2006, Fischer Taschenbuch-Verlag, Frankf./M.

M9: Bevölkerungszusammensetzung Dubais

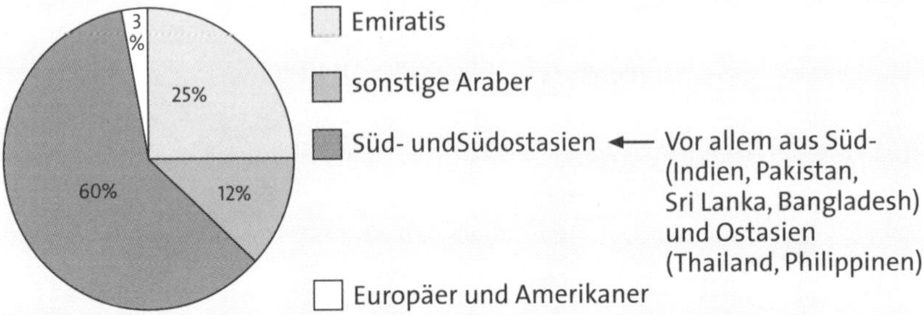

Quelle: Zehner, K.: Dubai. Von der kolonialen Hafenstadt zur kosmopolitischen Metropole. In: Petermanns Geographische Mitteilungen, H. 7 – 8, 2001, S. 62

M10: Ausländer in Dubai

Zwischen 1975 und 1995 wanderten jährlich 11 000 bis 13 000 junge Asiaten zu; seither ist die Zahl auf 32 000 Menschen pro Jahr gestiegen. Diese Gastarbeiter geben ihr Bestes, verdienen vielleicht 200 US-$ (Kellner) bis 1 200 US-$ (Ingenieure) im Monat steuerfrei, ohne Gesundheits- und Altersvorsorge. Das Reservoir ist riesig; spezielle Agenturen vermitteln innerhalb von Tagen Arbeitskräfte.
Einerseits sind die Verdienstmöglichkeiten hier in der Regel besser als in ihren Heimatländern; zudem profitieren sie im Hinblick auf Bildung, Kultur und Gesundheitswesen von den Annehmlichkeiten eines hoch entwickelten Landes. Andererseits ist ihnen jegliche politische Betätigung sowie der Kauf von Grundstücken und Immobilien untersagt.

Quellen: wie M9, S. 62; wie M5, S. 45

M11: Anteile der einzelnen Wirtschaftssektoren am BSP Dubais (in %)

Jahr	1990	2002
Dienstleistungen	47,85	68,29
Produktion	52,15	31,71
davon:		
Ölindustrie	32,42	5,37
Industrie	9,35	15,99
Bauindustrie	7,30	7,75
Energiewirtschaft	2,45	1,67
Sonstige	0,63	0,93

Quelle: wie M5, S. 43

M12: Attraktionen in Dubai

Burj-al-Arab („Turm der Araber“):
das exklusivste und teuerste Hotel der arabischen Welt

Burj Dubai:
Der Burj Dubai Tower soll neben Wohnungen, Büros, Hotels und Freizeiteinrichtungen die weltweit größte Shopping Mall enthalten und der höchste Turm der Welt sein; Teil des Projekts sind ebenso ein drei Stockwerke hohes Aquarium und eine Eisbahn, die allen Ansprüchen an olympische Wettkämpfe gerecht wird.

The Palm Jumeirah und The Palm Jebel Ali:
zwei künstlich angelegte Inseln mit Meereszugang in Palmenform vor der Jumairah-Küste und westlich des Jebel-Ali-Hafens; geplant sind jeweils über 2000 Villen und 30 Luxushotels; mit Hilfe von zwei versenkten Flugzeugwracks, auf denen sich Korallen ansiedeln sollen, wird versucht, in der Nähe eines der schönsten Tauchreviere zu schaffen; Fertigstellung 2006 bis 2007

The World:
Vor dem Hafen von Port Rashid entstehen 200 Inseln in Form eines Globus; die Investitionskosten betragen 3 Mrd. US-$. Nach der Fertigstellung werden die einzelnen Inseln verkauft.

Dubai Media City:
vor allem Film- und Fernsehproduktion

Dubai Mall:
2006 im Bau befindliches Shopping Center, das rund 1000 Geschäfte beherbergen wird

Dubailand:
gigantischer Freizeitpark mit sechs Themenparks; erwartete Besucher: 200 000 täglich; neben einer Eisbahn stehen auch eine 450 m lange Loipe für Ski-Langläufer und als Top-Attraktion der Ski-Dome mit einem Abfahrtshang zur Verfügung.
Dubai Waterfront:
das z. Zt. größte Bauvorhaben der Welt: die geplante Stadt umfasst auf einer Größe von 440 qkm 10 Stadtteile, in denen 750 000 Menschen leben können. Die 850 Kilometer lange „Waterfront", bestehend aus künstlichen Inseln, wird die Küste Dubais um das 12-Fache verlängern. Baubeginn ist für 2006 vorgesehen.
Hydropolis:
20 Meter unter der Wasseroberfläche soll das erste Unterwasserhotel entstehen.
Dubai Marina:
In unmittelbarer Nähe von Dubai-City entsteht eine so genannte „intelligente" Stadt: über ein eigenes Intranet sind alle Stadtteile untereinander vernetzt und alle Wohnungen sind auf dem neuesten Stand der Technik; zum Standard gehören hier Bildtelefonie, Video-on-Demand und die Möglichkeit, alle elektrischen Geräte fernsteuern zu können. Dubai Marina ist konzipiert für 80 000 bis 100 000 Einwohner, geschätzte Kosten: 4 Mrd. US-$.

M13: Hotelgäste nach Herkunftsräumen (2003)

Region	Anteil in %	Gäste absolut
VAE	7,2	311 756
übrige Golfstaaten	19,3	836 715
sonstige arabische Staaten	10,3	447 684
Asien	24,1	1 048 378
Afrika (ohne Arabien)	5,9	254 971
Europa	27,2	1 182 916
Amerika	4,3	186 961
Australien und Pazifik	1,7	72 960
Insgesamt	100	4 342 341

Quelle: wie M5, S. 45

M14: Unterkunftsangebot in Dubai

Hotelkategorie	Hotels/Betten 2000	Hotels/Betten 2003
5-Sterne-Kategorie	22/ 9597	32/14928
4-Sterne-Kategorie	23/ 4320	30/ 5878
3-Sterne-Kategorie	31/ 5472	39/ 6789
2-Sterne-Kategorie	41/ 4432	48/ 5233
1-Sterne-Kategorie	46/ 3360	76/ 5201
Registrierte Unterkünfte	102/ 6182	46/ 3197
Insgesamt:	265/33364	271/41226

Quelle: wie M5, S. 45

M15: Leistungen und Energieverbrauch der Elektrizitätswerke und Meerwasserentsalzungsanlagen

Emirat	Elektrizitätswerke Kapazität in MW		Kapazität Meerwasserentsalzungsanlagen in Mio. m^3		Erdgasbedarf in Mrd. m^3 (inkl. Industrie)	
	2000	2005	2000	2005	2000	2005
Abu Dhabi	4200	8000	498	774	36	56
Dubai	2600	4216	190	370	7	10
VAE gesamt	7750	13610	724	1332	46	75

Quelle: wie M5, S. 42

AKTIV-LÖSUNG 7

Anforderungsbereiche

Aufgabe	Anforderungsbereich	Bewertungseinheiten
1	I und II	40 von 100
2	II und III	44 von 100

Diese Aufgabe ist eine vollständige Abituraufgabe für einen Leistungskurs. Insgesamt sind 100 Punkte zu erzielen. 16 Punkte sind dabei für die Darstellungsleistung zu erreichen.

Checkliste zur Selbsteinschätzung

Worüber Sie vor dieser Prüfung Bescheid wissen sollten	Alles klar	Noch einmal nachlesen
naturgeographische Faktoren, z. B. geographische Lage, Klima, Rohstoffvorkommen daraus abzuleitende Gunst- und Ungunstfaktoren		
Ausbau der Infrastruktur, z. B. Verkehrsinfrastruktur, Energie- und Wasserversorgung, Bildungseinrichtungen, medizinische Versorgung, Medien- und Technologie (vgl. Kapitel „Methodenkompetenz: Die Arbeit mit Karten“)		
Wandel von Standortfaktoren, z. B. Ausbau Dubais als Handelszentrum, Einzelhandelsstandort, Medien- und Technologiestandort, Tourismusstandort, Investitionsanreize, Freihandelszonen (vgl. Kapitel „Methodenkompetenz: Die Arbeit mit Tabellen und Statistiken“)		

Hintergründe auch im POCKET TEACHER ABI ERDKUNDE, Kapitel Disparitäten und Verflechtungen: Sozioökonomischer Entwicklungsstand

Erwartungshorizont

- das Emirat Dubai als Teil der Vereinigten Arabischen Emirate (VAE) im Osten der Arabischen Halbinsel an der Küste des Persischen Golfes lokalisieren
- wirtschaftliche Gunstlage insbesondere für den Handel durch die Lage an der Straße von Hormus ableiten
- arides Klima mit ganzjährig hohen Temperaturen und episodenartigen Niederschlägen bestimmen
- Bedeutung des Erdöls erläutern
- Maßnahmen und Projekte darstellen und einordnen
- Fazit aus den erarbeiteten Faktoren ziehen
- aus den bisherigen Arbeitsergebnissen Ziele der Diversifizierungsmaßnahmen der Wirtschaft erkennen
- Daten und Tabellen zur Wirtschaftsentwicklung Dubais auswerten
- Erfolge der Diversifizierungsbemühungen anhand des gestiegenen Anteils der Dienstleistungen am BSP und des rückläufigen Anteils der Ölindustrie belegen
- zukunftsorientierte, wirtschaftliche Entwicklung Dubais belegen
- Versuche der Veränderung der Wirtschaftsstruktur und Diversifikation innerhalb des Dienstleistungssektors darlegen
- kritische Bewertung der Ausrichtung auf den globalen Markt und der damit verbundenen Abhängigkeiten
- Dubai mit anderen boomenden asiatischen Metropolen vergleichen
- Stellungnahme verfassen

Lösungsschritte

Um die vorliegende Prüfung zu lösen, sind folgende Arbeitsschritte sinnvoll	Alles klar
naturgeographische Voraussetzungen Dubais beschreiben (Atlas, Basisinformationen zu Dubai M2 und Klimadiagramm M3)	
Ausbau Dubais zum modernen Wirtschaftsstandort erläutern (M4, Plan Dubai City M6 und M7, Bevölkerungsstatistik/-zusammensetzung M8/M9/M10 auswerten)	
wirtschaftliche Entwicklung auf Zukunftsfähigkeit bewerten (M11 bis M15) dazu Wirkungsgeflecht erstellen	

Aktiv-Seite

Beschreiben Sie die Anteile der einzelnen Wirtschaftssektoren am BSP Dubais und bewerten Sie die Veränderungen der Sektoren (M11).

Interpretieren Sie das Hotelangebot in Dubai und bewerten Sie die Zielgruppenstrategie im Bereich des Tourismus (M14).

Stichpunktlösung zum Vergleichen

Zu Aufgabe 1

- Naturgeographische Voraussetzungen:
  - Lage: Teil der VAE (Vereinigte Arabische Emirate) am Persischen Golf, ca. 25° N und 55° W, 3900 km²; Hauptstadt: Dubai City ☐
  - Klima: arides Klima mit zwölf ariden Monaten, mittlere Durchschnittstemperaturen im Januar 15° bis 20 °C, im Juli > 30 °C, mittlere Jahresniederschläge ca. 75 mm; nur bedingt geeignet für eine agrarische Nutzung (M3) ☐
  - Relief: nach Süden ansteigend max. 500 m über NN, schmaler ebener Küstenstrich ☐
- Rohstoffvorkommen:
  - Offshore Erdölvorkommen (Fateh Ölfeld seit 1966) und Offshore Erdgas vorkommen (Al-Bunduq) als entscheidende Grundlage für die wirtschaftliche Entwicklung, in Dubai allerdings zeitlich begrenzte Reserven (bis 2050) gegenüber den VAE (M4 und M5) ☐
  - Ölvorkommen sind entscheidende Grundlage für die wirtschaftliche Entwicklung Dubais ☐
  - Rohstoffvorkommen (Erdöl/Erdgas) sowohl Energiebasis für die wirtschaftliche Entwicklung Dubais als auch Finanzierungssicherung des Ausbaus ☐
- Gunstfaktoren:
  - geographische Lage am Golf ideal für Handel (Atlas und M2 und M4) ☐
- Maßnahmen und Projekte des wirtschaftlichen Ausbaus in Dubai City:
  - Schaffung von Handelszentren, z. B. Jebel Ali Industrial, Dubai Investment Park, Dubai World Trade Center ☐
  - Schaffung von Tourismusstandorten/Hotelanlagen, z. B. Palm Island Jebel Ali, The Palm Jumeirah und The Palm Jebel Ali (künstlich angelegte Inseln mit 2000 Villen und 30 Luxushotels), Burj-al-Arab („Turm der Araber"), The World (200 Inseln in Form eines Globusses), Hydropolis (Unterwasserhotel), Dubai Marina („intelligente Stadt": Vernetzung der Stadtteile) ☐
  - Schaffung von Dienstleistungszentren z. B. Dubai Media City/Internet City (mit Unternehmen wie Reuters, CNN, Associated Press etc.), Knowledge Village, American University of Dubai, Dubai Healthcare Centre, Cargo Village als Logistikzentrum am Airport (M6 und M7) ☐
  - Ausbau der Infrastruktur z. B. im Bereich Verkehrsinfrastruktur z. B. Dubai International Airport, Highways ☐

  - im Bereich der Bildung z. B. American University of Dubai
  - im Bereich der medizinischen Versorgung z. B. Dubai Healthcare Centre
  - Ausbau als Handelszentrum z. B. durch den Ausbau der Häfen, die Schaffung von Freihandelszonen im Hafen- und Flughafenbereich, Cargo Village in Flughafennähe
  - Ausbau zum attraktiven Einzelhandelsstandort mit traditionellen Einkaufszentren wie der Old Gold Souq, aber auch Shopping Malls (über 30 allein im Osten der Stadt)
  - Anwerbung von ausländischen Arbeitskräften, z. B. im Baugewerbe und im Dienstleistungsbereich, vor allem Fachkräfte, ohne die der wirtschaftliche Ausbau nicht möglich war und ist
  - Schaffung von Investitionsanreizen zur Ansiedlung ausländischer Unternehmen, Steuerfreiheit und Freihandelszonen
- Ungunstfaktoren: nur begrenzte agrarische Nutzung möglich

FAZIT:

1. Dubai heute Dienstleistungs-, Finanz- und Handelszentrum sowie Tourismuszentrum
2. heute in Dubai, neben der Erdölverarbeitung, Industrieansiedlungen aus dem Bereich der Hightech-Industrie
3. Dubai ein zunehmend diversifizierter und als modern zu bezeichnender Wirtschaftsstandort

Zu Aufgabe 2

- Bewertung der wirtschaftlichen Entwicklung:
  - enorme Bevölkerungszunahme seit 1995 um ca. 45 %; daher Nachfrage nach Wohnraum in der Vertikalen (Hochhausbau z. B. Burj Dubai) und Horizontalen (z. B. Dubai Marina, „intelligente Stadt“, M12)
  - 95 % der Bevölkerung in Dubai City (Gesamteinwohnerzahl Dubai City: 1,2 Mio.)
  - nur 25 % Emiratis, aber 60 % Süstost-Asiaten als Arbeitsmigranten, 3 % Amerikaner und Europäer (M8 bis M10)
  - Erhöhung des Anteils des tertiären Sektors von 48 % (1990) auf 68 % (2002) am BSP Dubais
  - Rückgang des sekundären Sektors von 52 % (1990) auf 31 % (2002) mit besonderem Rückgang der Ölindustrie von 32 % auf nur noch 5 %
  - touristisches Hauptquellgebiet: Europa mit 27 % der Touristen, gefolgt von Asien mit 24 % der Touristen und ca. 20 % aus den Golfstaaten

  - hoher Anteil der Hotels der 4 bis 5-Sterne-Kategorie, enorme Erhöhung der Bettenkapazität in diesen Kategorien, d. h. zahlungskräftige Touristen als Zielgruppe
  - Akzeptanz der modernen Wirtschaftsausstattung ablesbar an der Präsenz global führender Branchenvertreter (M6, Legende) in der Media City oder an Wachstumsraten im Tourismus (M14)
- Risiken:
  - durch globalen Markt internationaler Wettbewerb, Krisenanfälligkeit, Dubai in Konkurrenz zu anderen boomenden asiatischen Metropolen, Tourismus abhängig von der wirtschaftlichen Situation in den Herkunftsländern
- ökologische Folgen der wirtschaftlichen Entwicklung:
  - Erhöhung des Flächen- und Energiebedarfs, Zunahme der Flächenversiegelung
  - hoher Energie- und Wassereinsatz zur Unterhaltung der exklusiven Einrichtungen in einem ariden Raum (M15); Erhöhung des Wasserbedarfs für exklusive Nutzungen im Tourismusbereich vor allen Dingen bei zukünftigen Projekten (M12, M15)

FAZIT:
aktuelle positive wirtschaftliche Entwicklung und Reichtum durch Erdöl gegenüber unsicheren ökonomischen Perspektiven und großem Energie-, Wasser- und Flächenverbrauch

ORIGINAL-AUFGABE 8

Fachgebiet	Europa und die europäische Integration
Kapitel	Der europäische Wirtschaftsraum
Thema	„Europa“ wird größer und komplizierter
Weitere Themenbereiche	naturräumliche Gliederung Europas wirtschaftsräumliche Gliederung Europas Transformationsprozesse
Niveau/Jahr	Grundkurs/2007

Aufgabenstellung

„Europa“ wird größer und komplizierter
„Die Identität des Kontinents ist nicht eindeutig. Aber es gibt Kriterien, an denen man sie erkennt.“[1]

1. Geben Sie einen Überblick über die Vielfalt des Naturraumes dieses Kontinents! (15 BE)
2. Diskutieren Sie die Einordnung Europas als Kulturerdteil! (20 BE)
3. „Europa ist immer noch der führende Kontinent in Produktion und Absatz von Autos. Diese Schlüsselindustrie des alten Europa steht heute in einem scharfen Wettbewerb, da der Absatz auf hohem Niveau stagniert.“[2]
   Kennzeichnen Sie die Bedeutung der europäischen Automobilindustrie und erläutern Sie deren Chancen sowie Risiken für die weitere wirtschaftliche Entwicklung der EU! (25 BE)

1 Der Fischer Weltalmanach aktuell, Die EU-Erweiterung, Frankfurt am Main, 3/2004, S. 89
2 Schamp, Eike W.: Die Autoindustrie auf dem Weg nach Europa, Geographische Rundschau, 12 (2005), S. 12

Material

Material 1: Kongress zum Thema „Automobilindustrie im Strukturwandel"
(Arbeitspolitik – Rekonstruieren – Marktentwicklung 25. – 26. April 2003)

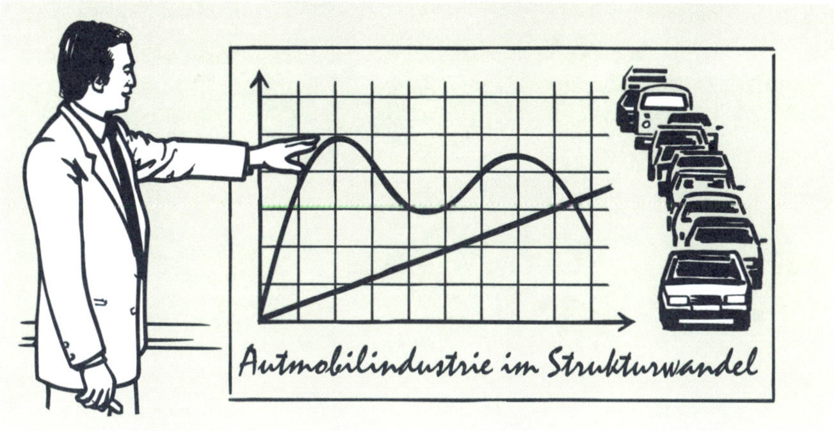

Material 2

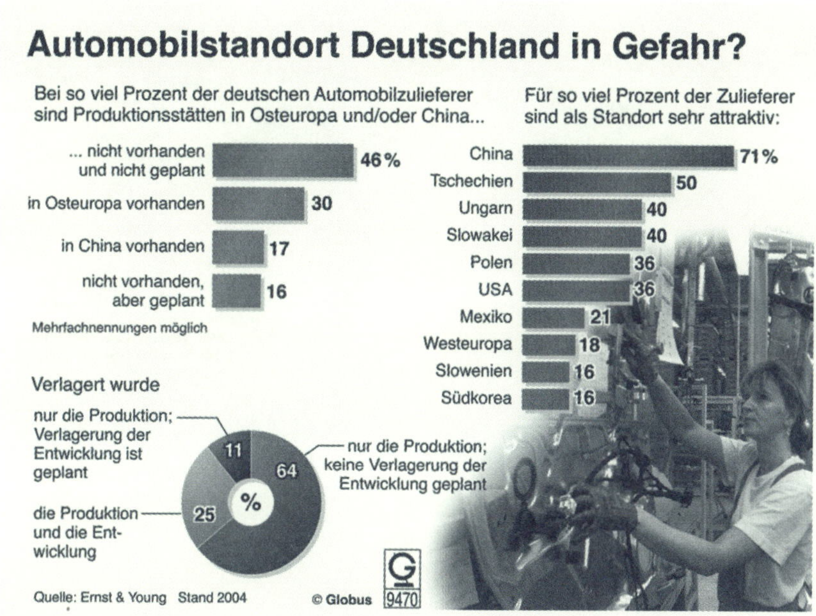

Quelle: Globus Infografik, Hamburg

Material 3: Standorte der Automobilindustrie in Ostmitteleuropa

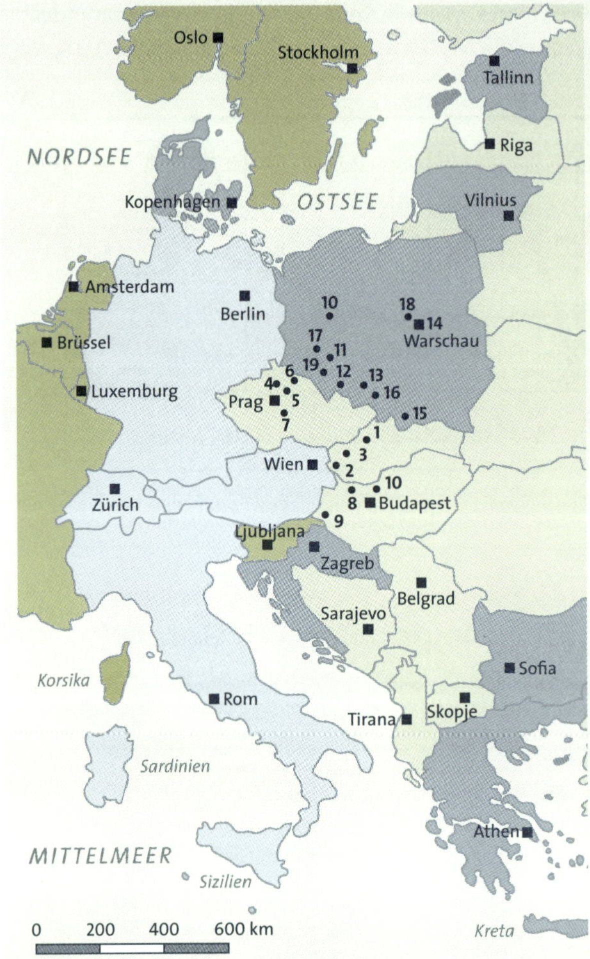

Pkw je 1000 Einwohner
- über 500
- 400 bis < 500
- 300 bis < 400
- unter 300

SLOWAKEI
Hyundai-KIA/Zilina **(1)**
ab 2006: 200 000 Fahrzeuge
Volkswagen/Bratislava **(2)**
PSA Trnava **(3)**
ab 2006: 300 000 Fahrzeuge

TSCHECHIEN
Skoda/Mlada Boleslav **(4)**,
Kvasiny **(5)**, Vrchlabi **(6)**
Peugeot/***Toyota***/Kolin **(7)**
ab 2005: 300 000 Fahrzeuge

UNGARN
Audi/Györ **(8)**
TT Couo, Roadster
34 000 Fahrzeuge
Opel/Szentgotthárd **(9)**
Suzuki/Esztergom **(10)**
Wagon R,
Ignis/Subaru G3X Justy,
Conzept S (ab Herbst 2004),
SUV, (mit Fiat ab 2005)
88 500 Fahrzeuge

POLEN
Volkswagen/Poznan **(10)**
2003: T5-Produktion
2004: Nachfolge Caddy,
bis 2006: Investitionen
von 600 Mio. Euro,
Toyota/Jelcz-Laskowice **(11)**
bei Wroclaw **(12)**
ab 2005:
150 000 Dieselmotoren,
Volkswagen/Audi/Skoda/
Poznan **(10)**
Opel/Gliwice **(13)**,
Warschau **(14)** Agila, Astra,
76 700 Fahrzeuge
Fiat/Biesko Biale **(15)**,
Tychy **(16)**
Seicento, Palio Weekend,
Panda 203 630 Fahrzeuge
Daewoo/Lubin **(17)**,
Zeran **(18)**, 35 400 Fahrzeuge,
Citroën/Nysa **(19)**

Material 4: Kosten der Automobil- und Zulieferindustrie

Länder	Arbeitskosten in Euro pro Stunde 2004	Unternehmenssteuern in % 2004
Polen	5,40	19
Ungarn	4,70	18
Tschechische Republik	4,20	24
Slowakei	3,30	19
Rumänien	1,70	25
Zum Vergleich:		
Deutschland (West)	28,50	39
Deutschland (Ost)	16,50	39

Quelle: B&D Forecast

Material 5: Beschäftigtenzahlen

	Deutschland		Ostmitteleuropa	
	2005	2010*	2005	2010*
Autohersteller	412 000	410 000	57 000	80 000
Zulieferer	365 000	330 000	130 000	200 000

* Prognose
Quelle: B&D Forecast

Material 6

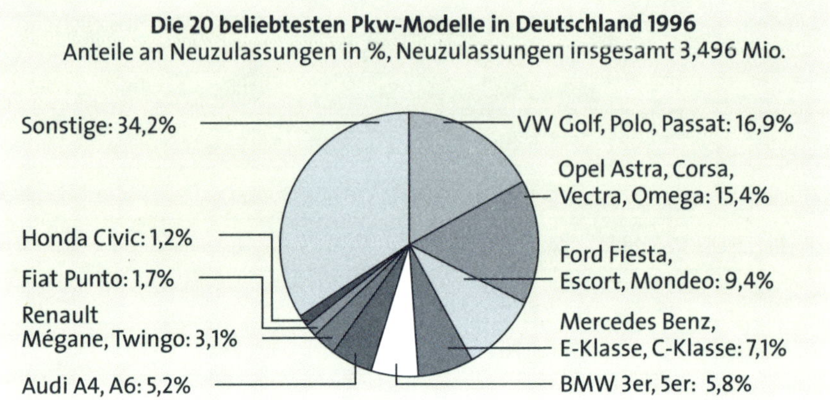

Aus: Der Fischer Weltalmanach 1998, © Fischer Taschenbuch-Verlag GmbH Frankf./M. 1997, S. 1152

Material 7

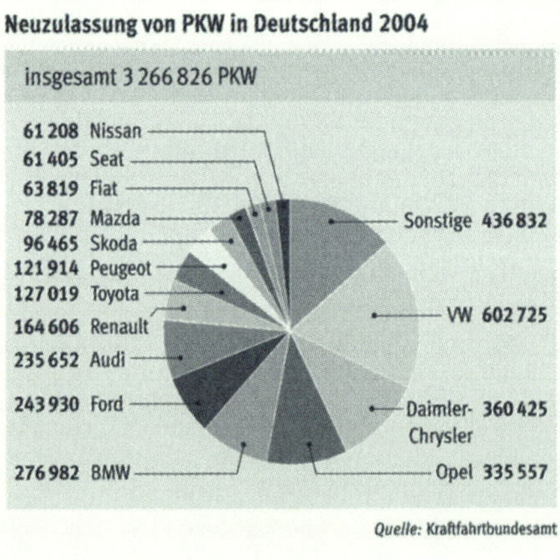

Aus: Der Fischer Weltalmanach 2006, © Fischer Taschenbuch-Verlag GmbH Frankf./M. 2005, S. 668

Material 8

Die größten Industrieunternehmen Europas
nach ihrem Umsatz 2003 (Umsätze ohne Mehrwert-, Mineralöl- und Tabaksteuer)

Firma/Land/Branche	Umsatz in Mrd. Euro	Marktwert in Mrd. Euro	Beschäftigte
1. BP/GB/Mineralöl	200,600	158,544	103 700
2. Daimler-Chrysler/D/Automobil	136,437	36,563	362 063
3. Royal Dutch/NL/Mineralöl	106,132	85,444	119 000
4. Total/F/Mineralöl	104,652	100,886	110 783
5. Volkswagen/D/Automobil	87,153	11,306	334 873
6. Siemens/D/Elektronik	74,233	50,958	417 000
7. Shell/GB/Mineralöl	69,669	57,281	119 000
8. Nestlé/CH/Nahrungsmittel	56,397	85,007	253 000
9. Peugeot-Citroen/F/Automobil	54,407	11,275	199 900
10. ENI/I/Mineralöl	54,233	67,091	76 521
11. Fiat/I/Automobil	48,346	4,803	162 237
12. RWE/D/Versorgung	42,771	18,591	127 028
13. Unilever/NL/Nahrungsmittel	42,693	30,637	234 000
14. EON/D/Versorgung	42,541	38,794	66 549
15. BMW/D/Automobil	41,525	21,560	104 342
16. Renault/F/Automobil	37,525	16,854	130 740
17. Thyssen-Krupp/D/Maschinenbau	36,137	6,956	190 102
18. Repsol/ES/Mineralöl	36,069	21,011	30 644
19. BASF/D/Chemie	33,361	23,444	87 159
20. Enel/I/Strom	31,317	40,380	63 379
21. Glaxo Smithkline/GB/Pharma	30,430	101,750	100 919
22. EADS/F/Luft- und Raumfahrt	30,133	16,152	109 869
21. Statoil/N/Mineralöl	29,617	23,272	19 325
24. Saint Gobain/F/Baustoffe	29,590	13,880	169 797
25. Nokia/FN/Telekommunikation	29,455	52,048	51 359
26. Philips/NL/Elektronik	29,037	28,743	164 438
27. Bayer/D/Chemie	28,567	16,966	115 400
28. Arcelor/F/Stahl	25,923	7,144	98 264
29. Audi/D/Automobil	23,406	3,828	52 689
30. Gazprom/Russland/Mineralöl, Gas	22,955	34,992	330 000

Aus: Der Fischer Weltalmanach 2006, © Fischer Taschenbuch-Verlag GmbH Frankf./M. 2005, S. 668

Material 9: Auszüge aus Analysen und Reportagen

„Es ist offen, ob die Türkei jemals Mitglied der Union wird [...]. Ein moslemisches Land mit andersartigen Lebensstilen und kulturellen Traditionen, die nicht zur „europäischen Identität" passen wollen – da werden, was Wunder, instinktiv Widerstände geweckt."

Das Parlament, 26.06.2006, S. 15

„Nach geographischer Lage, historischer Vergangenheit, Religion, Kultur und Mentalität ist die Türkei kein Teil Europas."

Der Fischer Weltalmanach aktuell, Die EU-Erweiterung, Frankfurt am Main, 3/2004, S. 8

„Im deutlichen Sinne von etwa Afrika oder Australien oder den beiden Amerikas ist Europa kein vom Rest der Welt geographisch geschiedener Erdteil. Und auch in allen anderen Dimensionen der erst als Produkt der Moderne [...] aufgekommenen Identitäts- und Homogenitätsvorstellungen lässt sich kein klarer Begriff von Europa gewinnen."

Der Fischer Weltalmanach aktuell, Die EU-Erweiterung, 3. Auflage Frankfurt am Main März 2005, S. 15

„Wenn Europa aber Grenzen hat und haben muss, muss es auch legitim bleiben, solche Grenzen nach allen Regeln der politischen Kunst und historischen Vernunft zu bestimmen."

ebenda, S. 18

„Der Verfassungstext (Anm.: Europäische Verfassung) kann sich also nicht auf einen allgemein geteilten, ein für alle Mal festliegenden Begriff >europäisch< beziehen. Letztlich werden die Grenzen ein Produkt politischer Entscheidungen sein, allerdings unter Beachtung der gegebenen Verhältnisse und orientiert an ausgewiesenen Kriterien."

ebenda, S. 90

AKTIV-LÖSUNG 8

Anforderungsbereiche

Aufgabe	Anforderungsbereich	Bewertungseinheiten
1	I	15 / 60
2	vorwiegend III	20 / 60
3	II bis III	25 / 60

Diese Aufgabe ist eine vollständige Abituraufgabe für einen Grundkurs. Die Bearbeitungszeit liegt bei 180 Minuten bei einer Vorbereitungszeit von 30 Minuten.

Checkliste zur Selbsteinschätzung

Worüber Sie vor dieser Prüfung Bescheid wissen sollten	Alles klar	Noch einmal nachlesen
Definition des Begriffs „Naturraum“		
Kenntnis der naturräumlichen Gliederung Europas im Hinblick auf Klima, Vegetation, Relief		
Definition des Begriffs „Kulturerdteil“		
geographische Abgrenzung Europas		
kulturelle und ethnische Vielfalt Europas		
Raumwirksamkeit von Grenzen		
Bedeutung der Automobilindustrie für die Gesamtwirtschaft Deutschlands (und Europas)		
Folgen der Osterweiterung der EU für die wirtschaftliche Situation der „alten EU“		
internationale Verflechtungen eines Industriezweigs am Beispiel der Automobilindustrie		

Worüber Sie vor dieser Prüfung Bescheid wissen sollten	Alles klar	Noch einmal nachlesen
Einfluss der Globalisierung auf europäische Märkte		
wirtschaftliche Entwicklung Chinas Entwicklung Chinas vom Produktionsstandort zum Absatzmarkt		

Hintergründe auch im POCKET TEACHER ABI ERDKUNDE, Kapitel Europa und die europäische Integration: Der europäische Wirtschaftsraum

Erwartungshorizont

- Darstellung der sich durch die Hauptklimazonen und Klimafaktoren ergebenden Aufteilung Europas in voneinander zu unterscheidende Naturräume
- kritische Diskussion des Begriffs „Kulturerdteil Europa" mit dem Ziel, eine eigene Meinung begründet darzustellen
- Untersuchung verschiedener Aspekte der Anthropogeographie Europas und die Gültigkeit des Begriffs „Kulturerdteil" im Hinblick auf eine Wertung des Begriffs „Kulturerdteil Europa"
- Begründung der Zuordnung des Begriffs „Schlüsselindustrie" zur Automobilindustrie
- Identifikation der Hauptentwicklungstendenzen der Automobilindustrie aus den vorliegenden Materialien
- Zusammenfassung der einzelnen Aspekte in Bezug auf die Beurteilung des Einflusses auf die Entwicklung der EU-Automobilindustrie
- Einordnung der europäischen Automobilindustrie in einen globalen Bezugsrahmen
- Rückbezug auf die gesamtwirtschaftliche Situation der EU unter Einbezug einer Bewertung der Entwicklung der Automobilindustrie als Schlüsselindustrie

Lösungsschritte

Um die vorliegende Prüfung zu lösen, sind folgende Arbeitsschritte sinnvoll	Alles klar
die vorrangig durch das Klima bestimmten Naturräume Europas anhand geeigneter Karten und aus eigenem Wissen identifizieren	
die Naturräume kurz vorstellen und mittels geeigneter Indikatoren charakterisieren	
den Begriff „Kulturerdteil" definieren und darlegen, aus welchen Komponenten sich dieser Begriff zusammensetzt	
geeignete Karten hinzuziehen, anhand derer eine Untersuchung der einzelnen Komponenten auf die Existenz eines Kulturerdteils Europa möglich ist; durch eigene Wissensbausteine ergänzen	
begründet darstellen, warum man von einem Kulturerdteil Europa sprechen kann oder warum nicht	
begründen, warum die Automobilindustrie in Europa als Schlüsselindustrie bezeichnet werden kann	
die Aussagen der Materialien M1 bis M8 vor dem Hintergrund der Fragestellung zusammenfassen	
Chancen und Risiken der sich abzeichnenden Entwicklung abwägen; zu einem abschließenden Urteil über die zukünftige Entwicklung der Automobilindustrie kommen	

Aktiv-Seite

Entwerfen Sie eine Tabelle, in der Sie den Naturräumen Europas Eigenschaften wie Klima, Vegetation, Böden etc. zuordnen.

Entwerfen sie eine Mindmap zum Thema „Europäische Kultur“. Versuchen Sie, jeden Zweig der Mindmap mit Karten oder Wissensbausteinen zu ergänzen.

Stichpunktlösung zum Vergleichen

Zu Aufgabe 1

- Europa im Hinblick auf seine naturräumliche Ausstattung vielgestaltig (ablesbar an thematischen Karten
- Klima Europas in doppelter Hinsicht ein Übergangsklima: vermittelt zwischen polarischem und tropischem Klima sowie dem maritimen atlantischen und dem kontinentalen Klima des asiatischen Kontinents
- relativ warmes Wasser (aus dem Golf von Mexiko in den Nordatlantik) durch den Golfstrom, daher in Westeuropa mildes Klima und selbst in weit nördlich gelegenen Naturräumen agrarische Nutzung möglich
- Klimazonen in Europa von Norden nach Süden (in manchen Atlanten als Ökozonen oder Landschaftszonen beschrieben, die jedoch kaum von den Klimazonen abweichen):
  - polare- und subpolare Klimazone:
    nördlich des Polarkreises, geringe Einstrahlungsintensität, ganzjährig niedrige Temperaturen, deutlich ausgeprägtes Jahreszeitenklima; Vegetationsperiode unter 150 Tage/Jahr; Wachstum ausschließlich besonders angepasster Pflanzen in den potenziell fruchtbaren, aber durch Bodengefrornis (Permafrost) nur schlecht nutzbaren Böden möglich; Dominanz in der polaren Tundra Moose, Flechten und Zwergsträucher (Nutzung durch Rentierhalter), in der subpolaren Taiga Nadelwälder (forstwirtschaftliche Nutzung)
  - gemäßigte Klimazone:
    jahreszeitenabhängig von polaren oder subtropischen Luftmassen bestimmt, die im Bereich der durch die zyklonale Westwindströmung gekennzeichneten Frontalzone in direktem Kontakt stehen; je nach Zirkulationsmuster Luftmassen unterschiedlicher Luftfeuchte und Temperatur bestimmend für das wechselhafte Wetter Mitteleuropas; Vegetationsperiode von mehr als 150 Tagen; fruchtbare Böden; von Laub- und Mischwäldern dominiert; höchste Bevölkerungsdichte und daher der kulturelle und wirtschaftliche Kernraum Europas; nur in den stärker reliefierten Gebirgsklimaten geringere Nutzung aufgrund der Temperatur
  - subtropische Klimazone:
    Europa südlich des 45. Breitengrades im Einfluss des subtropischen Hochdruckgürtels; ganzjährig hohe Temperaturen und thermisch optimale Vegetationsbedingungen; nach Süden geringer werdender Niederschlag, daher in den Winterregengebieten nur beschränkte landwirtschaftliche

Nutzung; Vegetation (Hartlaubgewächse) an die temporäre Trockenheit angepasst, agrarische Nutzung in Form von Bewässerungsfeldbau oder dem Anbau von Dauerkulturen (Zitrusfrüchte, Wein, Olivenbäume etc.) möglich

- Relief Europas (neben dieser klimatisch dominierten Untergliederung in Naturräume) in die Gebirgs- und Seenländer Nord- und Nordwesteuropas unterteilt, die von Holland bis an den Ural reichenden meist glazial geprägten Tiefländer West-, Mittel- und Osteuropas, die Mittelgebirgslandschaften und die durch die alpidische Gebirgsfaltung hervorgerufenen Gebirge in Mittel-, Süd- und Südosteuropa

Zu Aufgabe 2

- Definition Kulturerdteil: ein Raum, „dessen Einheit auf einem individuellen Ursprung der Kultur, auf der besonderen einmaligen Verbindung der landschaftsgestaltenden Natur- und Kulturelemente, auf der eigenständigen geistigen und gesellschaftlichen Ordnung und dem Zusammenhang des historischen Ablaufs beruht.“ (Albert Kolb, Die Geographie und ihre Kulturerdteile, 1962)
- gemeinsame naturräumliche Gestalt Europas kaum zu finden, nur schwer einheitliche Großlandschaften auszumachen, Europa auch durch Klima in Vielzahl oft kleinräumiger Naturräume unterteilt
- Europa oft als Region gemeinsamer geistiger und geschichtlicher Geschlossenheit bezeichnet, allerdings Vielzahl von Nationalstaaten mit eigener Geschichte
- Abgrenzung gegen andere Räume durch Zugehörigkeit der Staaten Europas zur christlichen Religion (Protestantismus, orthodoxe Kirche und Katholizismus) möglich, Zitat des Fischer-Weltalmanachs (M9) über das Problem der Einordnung der Türkei zum Kulturerdteil Europa stichhaltig, falls Religion als wichtiger Bestandteil der Kultur betrachtet wird
- Geschichte:
  - griechisch-römische Kultur durch Römer und Griechen in fast ganz Europa, auch nach Völkerwanderungen (3. bis 5. Jh.) nicht gänzlich ausgelöscht
  - Mittelalter: Entwicklung einer europäisch geprägten Kultur, auch in Architektur und Kunst; gegen Ende des Mittelalters: Verbesserungen der Lebensverhältnisse durch Fortschritte in der Wissenschaft
  - Renaissance: Beginn einer Industriegesellschaft durch Beschäftigung mit den Wissenschaften, bessere Infrastruktur, stärkerer Städtebau; Bildung

von Staaten und Entdeckung neuer Kontinente durch „europäische Entdecker"; Europa als Zentrum kultureller Entfaltung und staatlicher Expansion; Folge: „Europäisierung" anderer Kontinente im Rahmen des europäischen Kolonialismus

- vom Mittelalter bis heute: deutliche kulturelle Einheit in Europa, jedoch zu keiner Zeit eine staatliche Einheit; Begriff „kulturelle Einheit" weiter zu fassen im Sinne einer eigenständigen gesellschaftlichen und geistigen Ordnung Europas

- ausgehend von Großbritannien, Entstehung hoch industrialisierter Länder durch industrielle Revolution; auch hier bei Betrachtung von wirtschaftlichen Indikatoren (z. B. Entwicklungsstand, BIP oder PKW- und Verkehrsdichte) bis heute Einheit und deutliche Abgrenzung
- Gegenargument: große Anzahl verschiedenster Ethnien und Sprachen, Widerspruch zu kultureller und wirtschaftlicher Einheit in Europa, Sprachen wie Völker in drei Hauptkategorien zusammenzufassen:
  - West- und Südeuropa: romanische Völker mit romanischen Sprachen
  - Nord- und Mitteleuropa: überwiegend germanische Ethnien und Sprachen, jedoch mit gemeinsamen Wurzeln mit den in Osteuropa vorherrschenden slawischen Sprachen
  - trotz offensichtlicher Vielfalt möglich, Europa als ethnisch und sprachlich homogenen Raum zu bezeichnen (Unterstützung der Definition eines einheitlichen europäischen Kulturerdteils)
- geographische Abgrenzung: im Westen durch Atlantik, im Süden durch Mittelmeer und im Norden durch Nordatlantik bzw. Barentssee recht unzweifelhaft naturräumlich abgegrenzt; nach Osten Uralgebirge 1730 als Grenze des geographischen Europas festgesetzt (selbst geographisch fragwürdig, keine sprachliche, ethnische, wirtschaftliche und damit kulturelle Grenze eines Kulturerdteils)
- Grenzziehung für „Europa" immer eher Produkt politischer Entscheidungen (M9); Europa selbst im Hinblick auf politische Konstrukte uneinheitlich: Grenzen der EU nicht identisch mit geographischen Grenzen Europas; Europa viele Jahre durch Militärbündnisse NATO und Warschauer Pakt in zwei politisch wie militärisch konträr agierende Hälften gespalten

FAZIT:

Es kann kein einheitliches Bild eines Kulturerdteils Europas gegeben werden und die Frage darf gestellt werden, ob eine eindeutige Zuweisung überhaupt möglich ist. Genau wie das geographische Europa zumindest in seiner Ostausdehnung ein

Konstrukt ist, so ist es die Definition eines Kulturerdteils ohnehin: Kulturerdteile existieren nicht, können aber gedacht werden. Vor dem Hintergrund der geschichtlichen, sprachlichen und wirtschaftlichen Entwicklung spricht jedoch nichts konkret gegen einen gedachten Kulturerdteil.

Zu Aufgabe 3

- große Zahl hoch qualifizierter Arbeitsplätze durch Automobilindustrie, nicht nur im Bereich der eigentlichen Produktion, sondern vor allem bei der Zulieferindustrie
- stark verflochtener Industriezweig: Zulieferer der Automobilindustrie unter anderem aus Stahl-, Textil- und chemischer Industrie, Maschinenbau oder Elektrotechnik, starke Abhängigkeit von der Automobilindustrie auch für die vorgelagerten Bereiche dieser Industrien: jeder 7. Arbeitsplatz und jeder 4. Steuer-Euro in Deutschland direkt oder indirekt von der Automobilindustrie abhängig
- Automobilindustrie als Schlüsselindustrie, deren Entwicklung die gesamtwirtschaftliche Situation der EU stark beeinflusst
- Zitat der Aufgabenstellung: deutlicher Zwang zur Kostenminderung durch scharfen Wettkampf (Auswirkung primär auf die lohnintensiven Bereiche der Automobilproduktion)
- innerhalb Europas in Hinblick auf die Lohnkosten Zweiteilung in die Hochlohnländer Westeuropas und die für Arbeitgeber immer attraktiver werdenden Länder Osteuropas mit extrem niedrigen Löhnen (M4)
- steigender Druck an Zulieferer weitergegeben; Folge: beginnende Verlagerung der Produktion in Billiglohnländer; fast 50 % bereits mit Standorten in Osteuropa oder China, bei weiteren 16 % geplant (M2), Anhalten dieses Trends wahrscheinlich
- mit Westeuropa ein Teil der EU volumenmäßig immer einer der wichtigsten Absatzmärkte, jedoch Anzeichen einer weitestgehenden Sättigung
- zunehmende Bedeutung neuer Absatzmärkte in China, Indien aber auch Osteuropa, daher wahrscheinlich auch zunehmende Verlagerung der lohnintensiven Produktion in diese Länder
- Focus in China eher auf der Abdeckung des boomenden, regionalen Marktes, daher Einfluss auf europäischen Wirtschaftsraum momentan unbedeutend; in Zukunft jedoch dort wahrscheinlich Autoteileproduktion für den europäischen Markt, direkte Auswirkungen auf die wirtschaftliche Entwicklung Europas

- Verlagerung von Standorten westeuropäischer Automobilhersteller nach Osteuropa (M3) andere Gesetze als „Asienverlagerung“:
  - Kostenargument bestimmend
  - Investitionen nach der Osterweiterung der EU in erster Linie zur Belieferung des westeuropäischen Marktes
  - trotz starken Wachstums auch des osteuropäischen Absatzmarktes, Absatz der hohen Produktionskapazitäten jedoch weiter primär auf den westeuropäischen Absatzmarkt bezogen
  - bei weiter bestehenden, niedrigen Lohnkosten und steuerlichen Vorteilen Fortsetzung des Trends zu Produktionsstätten in Osteuropa zu erwarten (siehe M4), da weiter in Westeuropa produzierende Zulieferer durch ihre Kostenstruktur mittelfristig erhebliche Wettbewerbsnachteile erfahren werden
  - noch geringe Pkw-Dichte in den Ländern der EU-Osterweiterung (M3); großes Absatzpotenzial durch steigenden Wohlstand (entscheidend für die wirtschaftliche Entwicklung Osteuropas)
- Zusammenfassung der skizzierten Entwicklung und Beurteilung der Chancen der europäischen Automobilindustrie:
  - Ende der westeuropäischen Hochlohnländer zumindest als Produktionsstandorte der Automobil- wie der Zulieferindustrie in Sicht
  - hohe Qualifikation der westeuropäischen Arbeitnehmer eventuell Grund für den Verbleib der FuE-Einrichtungen (M2), jedoch Probleme durch zunehmenden Mangel an Facharbeitern und Ingenieuren absehbar
  - China: Verlagerung der FuE-Einrichtungen europäischer Automobilkonzerne nach China vor dem Hintergrund der Entwicklung der chinesischen Wirtschaft und ihrer wachsenden Kompetenzen zumindest kein unwahrscheinliches Szenario mehr
  - innereuropäische Entwicklung wahrscheinlich wirtschaftlich neutraler Prozess für die Gesamt-EU
- Folge:
  - weitere Verminderung der Ost-West-Disparitäten (in Ost- und Westeuropa unterschiedlich zu bewerten)
  - Länder der EU-15, der „alten EU“: wahrscheinlich deutliche Verlagerung von Arbeitsplätzen und Wirtschaftskraft
  - Länder der EU-Osterweiterung: Profitieren durch den dortigen wirtschaftlichen Aufschwung der Schlüsselindustrie; erste Anzeichen anhand der Entwicklung der Beschäftigtenzahlen in M5 erkennbar

ORIGINAL-AUFGABE 10

Fachgebiet	Europa und die Europäische Integration
Kapitel	Regionale Disparitäten in der EU
Thema	Räumliche Disparitäten in der EU
Weitere Themenbereiche	Strukturwandel Transformationsprozesse
Niveau/Jahr	Grundkurs/2007

Aufgabenstellung

Räumliche Disparitäten in der EU

1. Beschreiben Sie die regionalen Disparitäten in Europa und ihre sozioökonomischen Charakteristika mit Hilfe der Materialien und ausgewählter Atlaskarten.
   Ordnen Sie das von dem Franzosen Brunet 1989 postulierte Konzept der „Blauen Banane" ein. (25 BE)
2. Erklären Sie mögliche Ursachen für die unterschiedliche Wirtschaftsentwicklung und den unterschiedlichen Wohlstand am Beispiel selbst ausgewählter Regionen der EU.
   Überprüfen Sie Ihre Ausführungen an deutschen Beispielen. (40 BE)
3. Seit dem 1. Mai 2004 besteht die EU aus 25 Mitgliedern.
   Erarbeiten Sie mögliche Entwicklungsprobleme und -chancen, die sich aus dieser „Osterweiterung" für das Konzept der „Blauen Banane" und für die gesamte EU ergeben.
   Erörtern Sie die Auswirkungen dieser Entwicklung anhand der Karte (Material 2). (35 BE)

Material

Material 1
Zentrum und Peripherie in der Europäischen Union

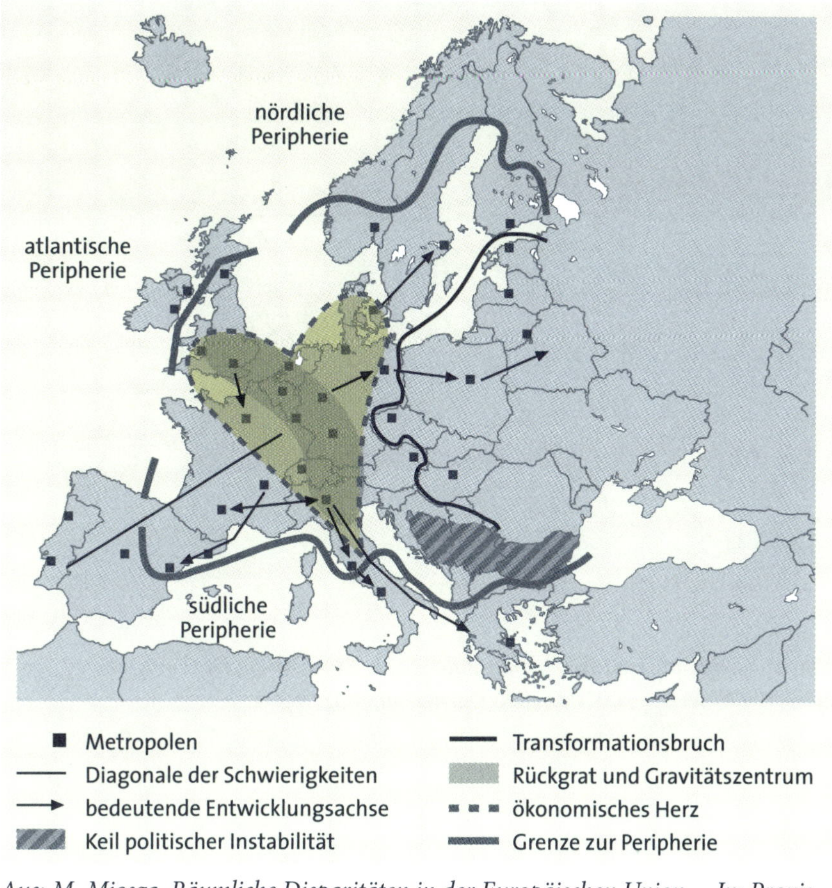

Aus: M. Miosga, Räumliche Disparitäten in der Europäischen Union. – In: Praxis Geographie 10/1997, S. 17

Material 2

Die Doppelung der Megalopolis

(in Zusammenhang mit dem europäischen Schnellbahnsystem „Eurailspeed“)

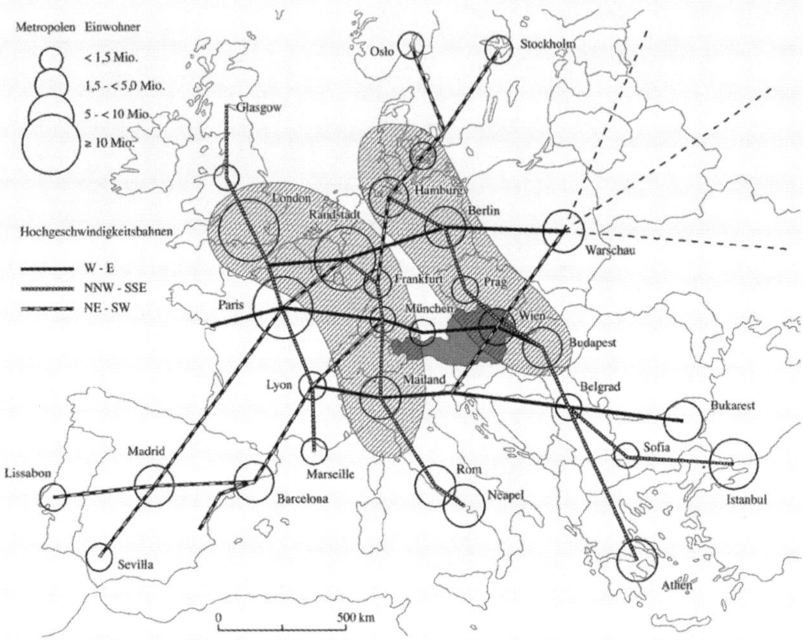

Quelle: Geographie aktuell, Januar 2005, S. 23, Aulis Verlag Deubner; nach E. Lichtenberger, Österreich. Darmstadt 2002, S. 341

Material 3

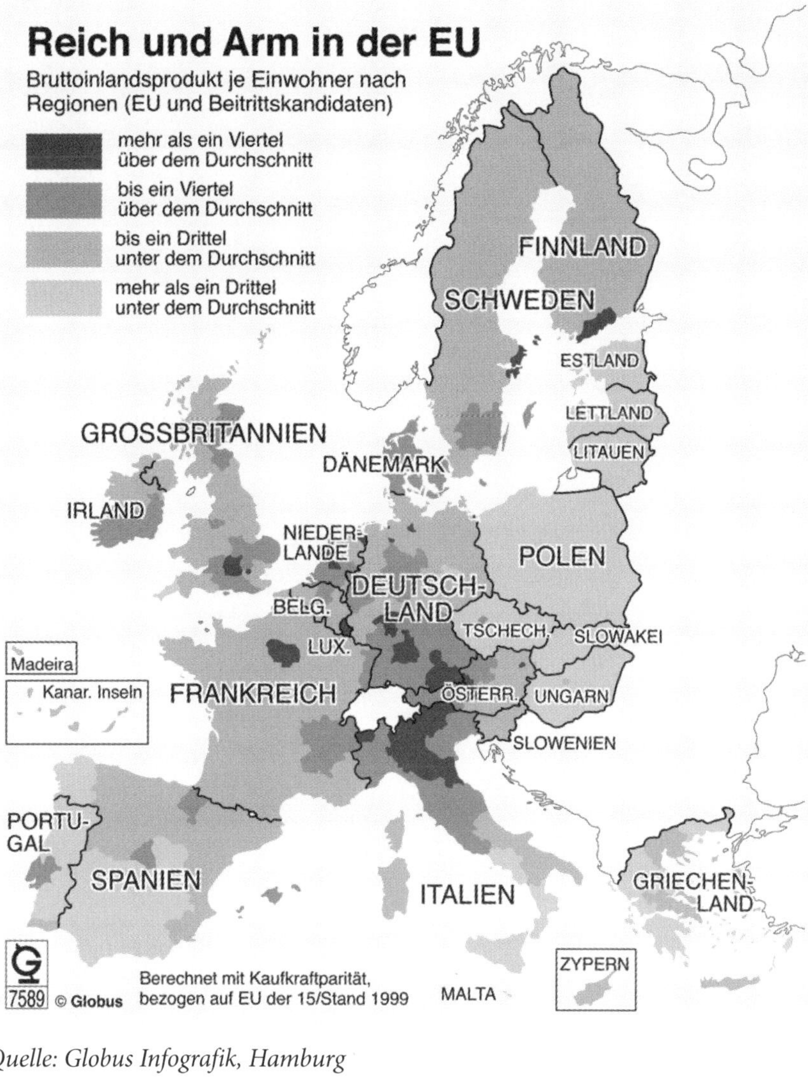

Quelle: Globus Infografik, Hamburg

Material 4
Arbeitslosigkeit in Staaten der EU (2002)

Staat	Quote (%)
Eurozone	8,8
EU-15	8,1
Spanien	11,4
Deutschland	9,4
Finnland	9,2
Italien	9,0
Belgien	7,9
Portugal	7,3
Schweden	5,4
Dänemark	5,1
Irland	4,6
Österreich	4,3
Niederlande	3,7
Luxemburg	3,5

Quelle: nach Eurostat

Material 5
Arbeitslosigkeit in den Bundesländern (2002)

Bundesland	Quote (%)	Veränderung
Sachsen-Anhalt	19,6	-0,1
Mecklenburg-Vorp.	18,6	0,3
Sachsen	17,8	0,3
Brandenburg	17,5	0,1
Berlin	16,9	0,8
Thüringen	15,9	0,6
Bremen	12,6	0,2
Niedersachsen	9,2	0,1
Nordrhein-Westfalen	9,2	0,4
Saarland	9,1	0,1
Hamburg	9,0	0,7
Schleswig-Holstein	8,7	0,3
Rheinland-Pfalz	7,2	0,4
Hessen	6,9	0,3
Bayern	6,0	0,7
Baden-Württemberg	5,4	0,5

Quelle: nach Bundesanstalt für Arbeit

AKTIV-LÖSUNG 10

Anforderungsbereiche

Aufgabe	Anforderungsbereich	Bewertungseinheiten
1	I und II	25 von 100
2	I und II, geringer Anteil III	40 von 100
3	II und III	35 von 100

Diese Aufgabe ist eine vollständige Abituraufgabe für einen Grundkurs, bei der insgesamt 100 Bewertungseinheiten erzielt werden können. Die Bearbeitungszeit liegt bei 180 Minuten bei einer Vorbereitungszeit von 30 Minuten.

Checkliste zur Selbsteinschätzung

Worüber Sie vor dieser Prüfung Bescheid wissen sollten	Alles klar	Noch einmal nachlesen
Begriff der „regionalen Disparitäten" und seine Anwendung in der Raumplanung		
die „Blaue Banane" als Modell der Raumplanung und Entstehung des Modells		
Begriff des „Zentrum-Peripherie-Gefälles" und die Ursachen der Entstehung des Begriffs		
Megalopolis Europas		
Entwicklungsunterschiede innerhalb Europas		
Entwicklungsprobleme raumplanerischer Art anhand von Beispielländern: z. B.: Nord-Süd-Gefälle Italiens, Auswirkungen der Zentralität der Ile de France, Küstenorientierung in Spanien		
Altindustrialisierung und der Strukturwandel altindustrialisierter Gebiete		

Worüber Sie vor dieser Prüfung Bescheid wissen sollten	Alles klar	Noch einmal nachlesen
natürliche Bevölkerungsentwicklung und Mobilität		
Theorie der langen Wellen		
Deindustrialisierung und Tertiärisierung		
Raumordnung in Europa		
Osterweiterung der EU		

Hintergründe auch im POCKET TEACHER ABI ERDKUNDE, Kapitel Europa und die europäische Integration: Der europäische Wirtschaftsraum

Erwartungshorizont

- Erklärung des Begriffs „regionale Disparitäten"
- Herausarbeitung der in Europa vorliegenden regionalen Disparitäten
- Gliederung Europas in Aktiv- und Passivräume, Beschreibung der Gliederung Europas
- Differenzierung in Aktivräume der Megalopolis Europas und der südeuropäischen respektive atlantischen Peripherie anhand der gegebenen Materialien
- Darstellung der Grundzüge des Modells der „Blauen Banane"
- kritische Auseinandersetzung mit dem raumplanerischen Modell der „Blauen Banane"
- Erkennen der Schwachstellen und eigentlichen Intentionen dieses Modells
- Verdeutlichung der europäischen Raumstruktur anhand geeigneter Karten
- Identifikation geeigneter Beispielräume zur Verdeutlichung der unterschiedlichen Entwicklung einzelner Regionen Europas
- Einbindung der Theorie der langen Wellen
- Identifikation eines innerdeutschen Ost-West-Gefälles (Arbeitslosenzahlen)
- Beschreibung der Karte zur Doppelung der Megalopolis Europas
- Anwendung der Ergebnisse der Öffnung Europas auf ein verändertes Bild der „Blauen Banane"
- Identifizierung der Hauptfaktoren, die die Veränderung der Raumstruktur Europas herbeiführen

Lösungsschritte

Um die vorliegende Prüfung zu lösen, sind folgende Arbeitsschritte sinnvoll	Alles klar
Karte 1 genau analysieren und die einzelnen Regionen herausarbeiten Lage der Aktiv- und Passivräume benennen	
Material 3 bis 5 strukturieren und Kriterien herausschreiben, anhand derer eine Einordnung in Aktiv- und Passivräume erfolgen könnte	
Modell der „Blauen Banane“ in Grundzügen wiederholen und die Probleme eines solchen Modells notieren	
Eigenschaften der drei Regionstypen Ballungsraum, ländliche Region und altindustrialisierte Region notieren	
Eigenschaften dieser Regionstypen anhand von Beispielräumen aufzeigen	
anhand der ausgewählten Regionen die unterschiedliche Entwicklung europäischer Räume begründen	
Unterschiede zwischen Material 1 und Material 2 herausarbeiten	
Chancen und Risiken, die sich aus einer Öffnung Osteuropas ergeben, notieren und kurz erläutern	
Chancen und Risiken einander gegenüberstellen und zu einem eigenen Urteil über eine zukünftige Entwicklung kommen	

Aktiv-Seite

Welche einzelnen Regionen weist Material 1 aus und welche Ursache für eine solche Regionalisierung lässt sich ableiten?

Erklären Sie in Grundzügen das Modell der blauen Banane.

Stellen Sie das Modell der langen Wellen dar.

Stichpunktlösung zum Vergleichen

Zu Aufgabe 1

- Ziel von Raumplanung:
  gleichwertige Lebensbedingungen für alle zu schaffen und eine ausreichende Infrastruktur zur Verfügung zu stellen ☐
- regionale Disparitäten:
  Unterschiede und Gegensätze in den Bedingungen verschiedener Regionen, gekennzeichnet durch unterschiedlich strukturierte Räume (Verdichtungsraum und ländlicher Raum) und durch das unterschiedliche Entwicklungspotenzial einzelner Räume (strukturschwache und strukturstarke Regionen) ☐
- regionale Disparitäten, also räumliche Verschiedenheiten, beim Vergleich von Räumen generell vorhanden; Unterschiede zum einen durch individuelle naturräumliche Ausstattung einzelner Räume, zum anderen aufgrund der im Hinblick auf die Entwicklung eines Raumes positiven Raumausstattung (Vorhandensein von Rohstoffen, Universitäten, Verfügbarkeit von Arbeitskräften) ☐
- Verteilung der Bevölkerung (siehe entsprechende Karten zur Bevölkerungsdichte):
  - deutliches Ungleichgewicht innerhalb Europas sowie innerhalb der einzelnen Länder Europas zu verzeichnen ☐
  - höchste Konzentration der Bevölkerung in Mittel- und Nordwesteuropa ☐
  - deutlicher Abfall der Bevölkerungsdichte in vielen Regionen Süd- und Nordeuropas ☐
  - fraglich, ob die Verteilung der Bevölkerung an sich eine Disparität oder aber das Ergebnis einer differenzierten Raumausstattung ist ☐
- für die Beschreibung räumlicher Disparitäten die wirtschaftlichen Kennzahlen BIP (Bruttoinlandsprodukt) und Arbeitslosenquote zu verwenden
  - aus Karte zum BIP und Tabelle zur Arbeitslosenquote (M3 und 4) innereuropäischer Aktivraum erkennbar ☐
  - von London über die Benelux-Länder, die Rheinschiene bis nach Norditalien; in Material 1 als „Rückgrat Europas“ gekennzeichnet ☐
  - Rückgrat 1989 vom Franzosen Roger Brunet (wollte Europa in Aktiv- und Passivräume untergliedern) in seinem Modell der „Blauen Banane“ als Aktivraum der „Blauen Banane“ dargestellt ☐
- Kritik am Modell:
  - Großraum Paris, aber auch Norddeutschland, Kopenhagen oder Berlin in dem Modell der blauen Banane ausgeschlossen (Grund: innenpolitische Bedeutung des Modells der „Blauen Banane“ ☐

  - von Brunet als Mitglied der französischen Raumordnungsbehörde aus einer Untersuchung über die Attraktivität der europäischen Städte abgeleitet
  - Brunets Versuch eines Hinweises auf bestehende Defizite in französischer Regional- und Raumordnungspolitik, da ausgeprägter Zentralismus Frankreichs zu einer deutlichen innerfranzösischen räumlichen Disparität führt)
- Brunets Modell nach 1989 um weitere funktional gegliederte Räume ergänzt:
  - Nebenachse Paris-Marseille
  - Verlagerung des Rückgrats Richtung Süden und neue Verbindungsachsen von Berlin über Leipzig, Dresden, Prag bis Wien (Versuch der Integration der bevorstehenden Osterweiterung), der Gürtel der Hightech-Regionen sowie führende Städte rund um Mitteleuropa
- „Ökonomisches Herz" (M1) bildhafte Bezeichnung für Ergänzungen
- Peripherie rund um die innereuropäischen Aktivräume abgegrenzt:
  - nördliche Peripherie den wohlhabenderen Räumen zuzurechnen, aber von geringer Bevölkerungsdichte, nur eine extensive forstwirtschaftliche Nutzung sowie geringe landwirtschaftliche Produktivität, klimatisch eher den europäischen Ungunsträumen zuzuordnen
  - atlantische Peripherie sowohl zu den altindustrialisierten als auch zu den landwirtschaftlich geprägten Regionen Europas zu zählen
  - Keil der politischen Instabilität: Bezeichnung für Länder des Balkans, die sich auch jüngst in politisch unsicheren Verhältnissen bewegen

Zu Aufgabe 2

- Entwicklung regionaler wirtschaftlicher Disparitäten in der EU als Zusammenspiel zweier Prozesse zu betrachten:
  1. die Deindustrialisierung (bzw. Tertiärisierung) mit einer entsprechenden Reindustrialisierung
  2. die Dezentralisierung
- Deindustrialisierung:
  - Verlagerung der Beschäftigung vom industriellen Sektor zum Dienstleistungssektor
  - Folge von Deindustrialisierung allein: in erster Linie Beschäftigungsverluste im verarbeitenden Gewerbe (Stahl, Schiffbau, Textilindustrie) und damit Entstehung von Altindustriegebieten (Ruhrgebiet, West Midlands, etc.)

- von Tertiärisierung zwei sehr unterschiedliche Dienstleistungssektoren beeinflusst:
  - zum einen positive Effekte für freizeitorientierte Dienstleistungsbetriebe des Tourismus in den Regionen des „sunbelt" in der Peripherie Europas aufgrund europaweit gestiegener Einkommen und zunehmender Freizeit, zum anderen besonders in den europäischen Metropolen und Hauptstädten beträchtlicher Zuwachs der Beschäftigten- und Umsatzzahlen in den unternehmensorientierten Dienstleistungen (Finanzwesen, Bank, Unternehmensberatung etc.)
- Reindustrialisierung:
  - Kenntnis dieses Prozesses für das Verständnis der Entstehungsbedingungen von Wachstumsregionen unerlässlich
  - verarbeitender Bereich immer noch notwendig, trotz des Trends in Richtung Dienstleistungen; allerdings Veränderung bei der Art von Produkten absehbar
  - daraus resultierende, räumliche Veränderungen erst teilweise bekannt
  - Reindustrialiserungsprozesse eng mit technologischem Wandel in der Produktion verbunden
- technologischer Wandel durch „Theorie der langen Wellen" beschrieben:
  - Auseinandersetzung mit technologischem Wandel und der Entstehung sogenannter Basisinnovationen
  - räumliche Wirkung des Durchlaufens der einzelnen Wellen unter Betonung der jeweils bedeutenden Basisinnovationen in der Verlagerung der Hauptwirtschaftsstandorte und -schwerpunkte von Welle zu Welle erkennbar
  - Ursache möglicherweise u. a. unterschiedliche Standorterfordernisse der jeweiligen Basisinnovationen
- Zentren in verschiedener Gewichtung auf England, Deutschland, die USA und Japan konzentriert
- Konzentrationspunkte wesentlicher Innovationen in Deutschland: das Ruhrgebiet, Teile Baden-Württembergs und Südbayern (entsprechende Karten im Atlas)
- diese Zentren Ausgangspunkte einer langen Welle
- Veränderungen der Zentren im Verlauf eines Zyklus: anfangs Wachstum im Zentrum, gegen Ende Stilllegung oder Zurückbauung
- Ruhrgebiet als Beispiel einer Region, die sich durch Prozesse der Deindustrialisierung/Reindustrialisierung verändert hat (Bezug zum Produktlebenszyklus möglich)

- Ablauf eines Zyklus am Beispiel des Ruhrgebiets:
  - Entdeckung von Rohstoffen, Aufbau einer stahlverarbeitenden Industrie ☐
  - Bedeutungsverlust des Stahls als Rohstoff mit Entstehung neuer Hüttenstandorte für Importerze ☐
  - geringe Effizienz des deutschen Steinkohlebergbaus bei Aufkommen preiswerter ausländischer Kohle und Veränderung des deutschen Energiemix ☐
  - Rückbau der Zechen und Hütten, Strukturwandel unter Betonung von Innovationen vor allem im Bereich der Ingenieurwissenschaft und der Logistik ☐
  - Nutzung bereits vorhandener Potenziale wie Universitäten mit möglichem Technologietransfer und der gut ausgebauten Verkehrsinfrastruktur ☐
- Vorteile durch Strukturwandel fast ausschließlich in Regionen des Kernraums
  - eher agrarisch strukturierte Regionen der EU mit bisher wenig Entwicklungspotenzial (bis auf touristische Ansätze) von der Möglichkeit des Aufschwungs nahezu ausgeschlossen ☐
- Dezentralisierung zu verstehen als Bedeutungsgewinn von ehemals peripheren Räumen bzw. Randbereichen von Kernregionen
  - London und München Beispiele für diesen Trend, der zum Teil aus den Agglomerationsnachteilen erklärbar ist ☐
- Dezentralisierung zunächst in den nordwesteuropäischen Regionen erkennbar, in den 1970er Jahren auch in Frankreich und Norditalien, zunehmend auch für die südlichen EU-Staaten von Bedeutung ☐
- verbunden damit auch eine Rezentralisierung:
  - Folge: Bevölkerungs- und Beschäftigungszuwachs in kleineren Städte im Umland großer Städte ☐
  - Gründe: günstigere Wohnraumverhältnisse und Freizeitangebote ☐
- Berlin, aber auch andere städtische Regionen wie Frankfurt oder München, als Beispiel für Regionen, die sich durch Prozesse der Dezentralisierung/Rezentralisierung verändert haben ☐

Zu Aufgabe 3

- seit Osterweiterung der EU Länder östlich des in Material 1 genannten Transformationsbruches mit in die EU einbezogen ☐
- durchschnittliches Pro-Kopf-BIP der neuen Mitgliedstaaten weiter unter dem Durchschnitt der EU; wahrscheinlich Verstärken des regionalen Gefälles in der EU durch den Beitritt der „Neuen“ ☐

- finanzielle Risiken:
  - nach den momentanen Richtlinien zur Förderung unterentwickelter Gebiete fast alle Regionen der neuen Mitgliedstaaten förderfähig im Sinne der EU-Wirtschaftsförderung
  - mögliche Folgen: erhöhtes finanzielles Förderungsvolumen und eventuell Umverteilung zu Lasten der alten EU-Länder
- Integrationsgewinne:
  - auch Chancen für die „Alt-EU-Länder" durch Prozess der Osterweiterung: größere Absatzchancen für Produkte durch die Schaffung eines erweiterten EU-Binnenmarkts und aus einem gefestigten Binnenmarkt heraus Steigerung des Wirtschaftswachstums und der globalen Wettbewerbsfähigkeit des EU-Raumes; Integrationsgewinne aufgrund der Lage in Richtung neuer Ostmärkte wahrscheinlich sehr unterschiedlich:
  - deutliche Ostwanderung des Gravitätszentrums durch Neuentstehung einer zweiten Megalopolis (M2)
  - fraglich, ob sich zwei Megalopolen werden behaupten können, oder ob sich das Gravitätszentrum als Ganzes in Richtung Osten verschieben wird
  - kaum Vorteile durch Erweiterung an der Peripherie Süd- und Westeuropas zu erwarten
- Verstärkung regionaler Disparitäten durch die EU-Erweiterung:
  - vergrößerte Absatzmärkte für Industrien in den sich stärker entwickelnden Räumen Westeuropas, dagegen verschärfte Konkurrenz für Unternehmen in den Beitrittsgebieten und daraus resultierender Verlust von Absatzmärkten
  - Folgen gegenwärtig in den neuen Bundesländern zu beobachten: neue Standorte mit hoher Attraktivität und guter Ausstattung (Leipzig, Dresden, Eisenach), daneben gleichzeitig Regionen mit extrem hoher Arbeitslosigkeit (Dessau, Oberlausitz)
- Auslagerung von Arbeitsplätzen:
  - parallel zu diesem Prozess Gefahr der Auslagerung arbeitsintensiver Produktionszweige in die Niedriglohnländer der neuen Ost-EU
  - mögliche Vorteile dieser Regionen aufgrund des dortigen niedriges Lohnniveaus, gleichzeitig gesteigerte Arbeitslosigkeit in den bisherigen Kernländern

ORIGINAL-AUFGABE 12

Fachgebiet	Siedlungsentwicklung und Raumordnung
Kapitel	Entwicklung von Siedlungsgebieten
Thema	Vancouver – Stadtentwicklung an der Schwelle zum 21. Jahrhundert
Weitere Themenbereiche	Wandel städtischer Strukturen unter dem Einfluss der Tertiärisierung Stadt als Geoökosystem Ursachen und Folgen von Wanderungsbewegungen für Herkunfts- und Zielgebiete
Niveau/Jahr	Grundkurs/2007

Aufgabenstellung

Vancouver – Stadtentwicklung an der Schwelle zum 21. Jahrhundert

1. Beschreiben Sie unter Berücksichtigung einflussgebender naturgeografischer und anthropogener Faktoren die Bevölkerungs- und Siedlungsentwicklung in der Region Vancouver bis 1960.
2. Erläutern Sie den Funktionswandel in der Innenstadt von Vancouver bis ins 21. Jahrhundert.
3. Beurteilen Sie die Nachhaltigkeit der Veränderungen in Vancouvers Innenstadt.

Material

M1
Greater Vancouver Regional District (GVRD) und Blick auf die Innenstadt von Vancouver 2005

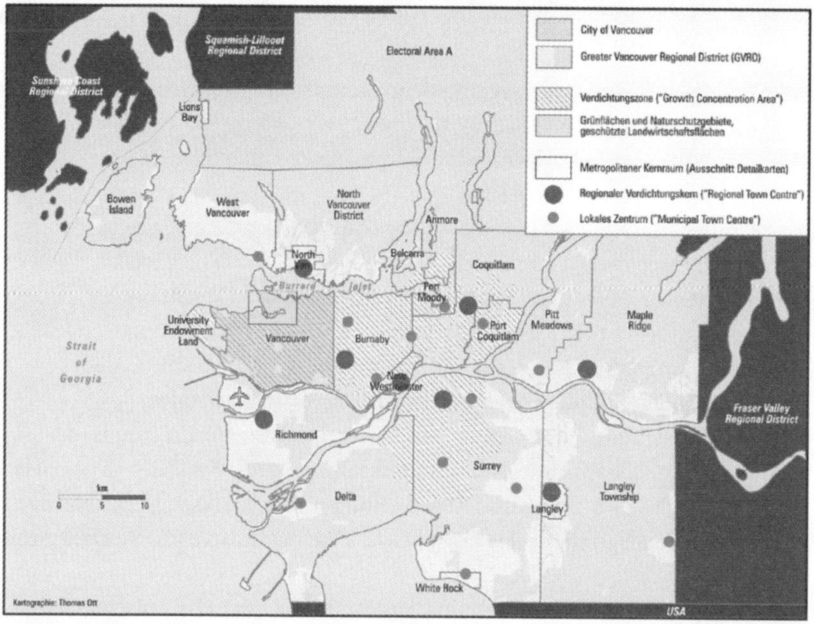

Quelle: Thomas Ott, Thomas A. Hutton: Von der „Gateway City" zur transnationalen Metropole: Vancouver im 21. Jahrhundert. Geographische Rundschau 58 (2006) Heft 9, S. 20 – 28, hier: 20

M2

Historischer Abriss von Vancouver

1850 Flussdelta vom Volk der Musqueam (Ureinwohner) ganzjährig besiedelt

1858 Goldsandfunde im Fraser River, Bereitstellung von billigem Land für Nicht-Indianer durch britische Regierung

1863 erste Sägemühle in Moodyville (ab 1915 North Vancouver) nahm Betrieb auf

1864 Inbetriebnahme einer Sägemühle in Stamp's Mill, westlich davon entstand die Gemeinde Granville (1870)

1885 Granville wurde Endbahnhof der transkontinentalen Eisenbahn „Canadian Pacific Railway" (CPR)

1886 Umbenennung von Granville in Vancouver

1914 Vollendung des Panamakanals

1939 Werften in Vancouver produzierten für die Royal Canadian Navy; Boeing beschäftigte in der Rüstungsindustrie ca. 5 000 Arbeiter

1967 Gründungsjahr des Greater Vancouver Regional Districts (GVRD) aus 21 Gemeinden und dem Wahlbezirk des Universitätsgeländes

1986 Weltausstellung Expo '86 in Vancouver Downtown; Eröffnung der Skytrain-Schnellbahn mit Anbindung der Innenstadt; Kauf des Expo-Geländes durch Li Ka-Shing und Erschließung mit Appartementhochhäusern

2006 Grundsteinlegung für das Olympische Dorf, Quartiere für ca. 2 800 Athleten

2010 Vancouver Whistler Mountains Austragungsort der Olympischen Winterspiele

Quelle: eigene Zusammenstellung aus verschiedenen Quellen

M3

Vancouver – Bevölkerungsentwicklung 1891 – 2010

Jahr	City of Vancouver	GVRD
1891	13 709	k. A.
1901	29 432	k. A.
1921	163 220	k. A.
1941	275 353	k. A.

Jahr	City of Vancouver	GVRD
1961	387 794	824 057
1971	429 795	1 082 187
1981	417 955	1 268 183
1991	476 378	1 602 502
1998	554 062	1 978 523
2010	639 266	

Quelle: Zusammenstellung aus verschiedenen Quellen: GR 53 (2001) Heft 1, S. 8; http://www.gvrd.bc.ca

M4
Funktionale Gliederung der Innenstadt Vancouvers um die Jahrhundertwende

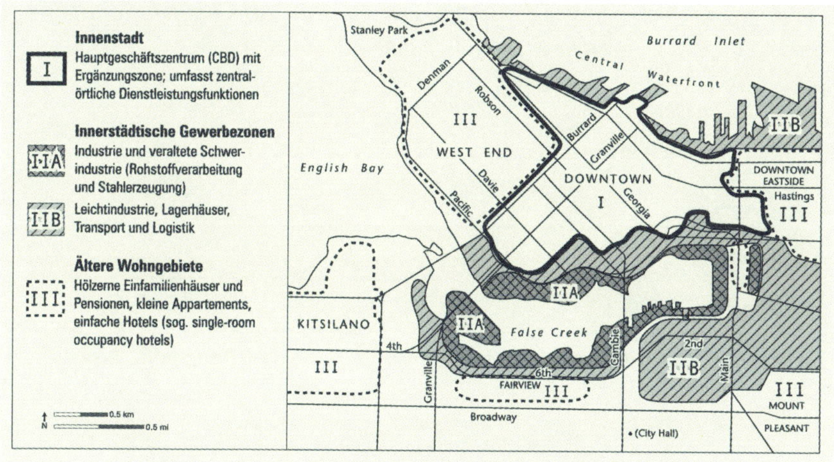

Quelle: Thomas Ott, Thomas A. Hutton: Von der „Gateway City" zur transnationalen Metropole. Geographische Rundschau 58 (2006) Heft 9, S. 22

M5
Entwicklung der Innenstadt von Vancouver in den 1970er-Jahren

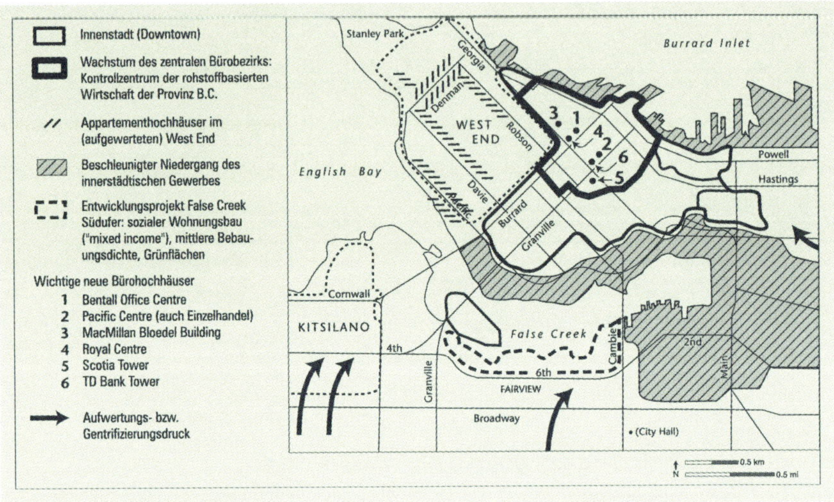

Quelle: Thomas Ott, Thomas A. Hutton: Von der „Gateway City" zur transnationalen Metropole. Geographische Rundschau 58 (2006) Heft 9, S. 22

M6
Bevölkerung nach ethnischen Gruppen (City of Vancouver) 1991-2001 in %

	1991	1996	2001
Englisch	56,1 %	51,7 %	49,4 %
Chinesisch	19,9 %	24,6 %	26,4 %

Quelle: http://vancouver.ca/commsvcs/Census2001/census03lang.pdf (Auswahl)

M7

Dienstleistungscluster und Großprojekte in der Innenstadt von Vancouver zu Beginn des 21. Jahrhunderts

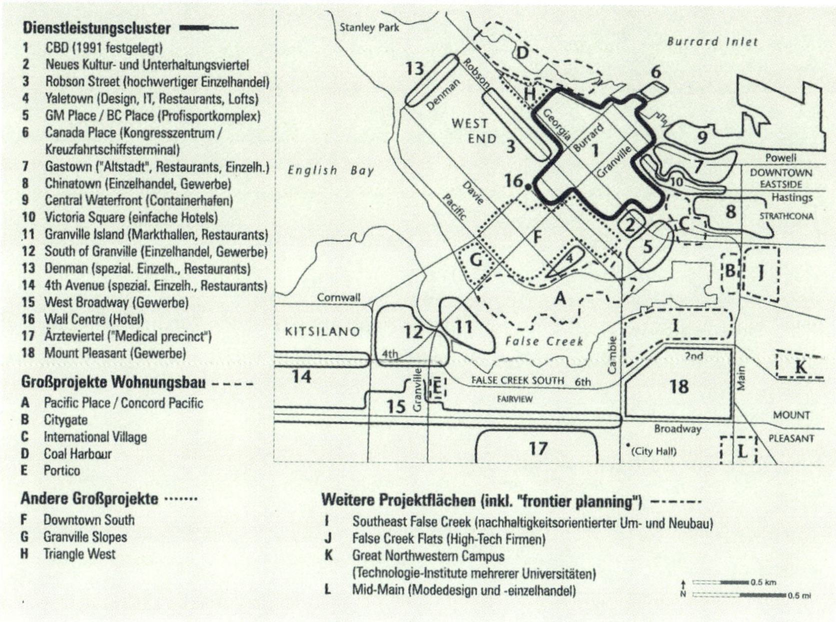

Quelle: Quelle: Thomas Ott, Thomas A. Hutton: Von der „Gateway City" zur transnationalen Metropole. Geographische Rundschau 58 (2006) Heft 9, S. 25

AKTIV-LÖSUNG 12

Anforderungsbereiche

Aufgabe	Anforderungsbereich	Bewertungseinheiten
1	I und II	25 von 100
2	II	30 von 100
3	III	30 von 100
1, 2, 3	Darstellungsleistung	15 von 100

Diese Abituraufgabe stellt eine komplette Prüfung für einen Grundkurs dar, bei der insgesamt 100 Punkte zu erzielen sind. Die Bearbeitungszeit beträgt 180 Minuten.

Checkliste zur Selbsteinschätzung

Worüber Sie vor dieser Prüfung Bescheid wissen sollten	Alles klar	Noch einmal nachlesen
Bevölkerungs- und Siedlungsentwicklung Vancouvers (Lage und industrielle Entwicklung) Modell der angloamerikanischen Stadt (vgl. Kapitel „Methodenkompetenz“)		
innerstädtischer Funktionswandel		
Leitbegriffe wie Tertiärisierung, Metropolisierung und Regionalisierung, Suburbanisierung, Segregation und Gentrifizierung		
Nachhaltigkeit der Veränderungen Vancouvers beurteilen, z. B. im Bereich Umweltschutz, Verkehr und Wohnungsbau		

Hintergründe auch im POCKET TEACHER ABI ERDKUNDE, Kapitel Entwicklung städtischer und ländlicher Räume: Siedlungs- und Stadtentwicklung

Erwartungshorizont

- die Bevölkerungs- und Siedlungsentwicklung Vancouvers von einer Kleinstadt zum industriellen Zentrum British Columbias beschreiben
- auf die Gründe des hohen Bevölkerungswachstums bis 1960 eingehen
- die flächenhafte Erweiterung Vancouvers beschreiben
- aus den bisherigen Arbeitsergebnissen und Stadtentwicklungsprozessen bis 1961 den funktionalen Wandel Vancouvers von der rohstoffbasierten älteren Industriemetropole hin zu einer modernen Dienstleistungsmetropole bis ins 21. Jahrhundert nachzeichnen (unter Leitbegriffen wie Deindustrialisierung und Tertiärisierung)
- Bevölkerungs-Suburbanisierung Vancouvers mit regionalen Verdichtungsräumen und lokalen Zentren aufzeigen (GVRD)
- Gentrifizierungsprozesse erläutern
- Nachhaltigkeit der Maßnahmen im Bereich Naturschutz, Gewerbe- und Wohnungsbau, Verkehr unter Berücksichtigung des Konflikts zwischen Ökonomie und Ökologie beurteilen

Lösungsschritte

Um die vorliegende Prüfung zu lösen, sind folgende Arbeitsschritte sinnvoll	Alles klar
Lage, Klima, Rohstoffvorkommen, Industrie und Infrastruktur Vancouvers beschreiben (Atlas, M2: Historischer Abriss von Vancouver)	
hohes Bevölkerungswachstum und die flächenhafte Ausdehnung Vancouvers bis 1961 anhand von M2, M3 und M5 beschreiben	
funktionale Veränderungen Vancouvers zum modernen Wirtschaftsstandort zwischen 1970 und 2005 erläutern (M1, M2, M4, M5, M7)	
Nachhaltigkeit der Veränderungen in Vancouver beurteilen, z. B. im Bereich des Umweltschutzes und Verkehrs (M1, M2, M3 und M7)	

Aktiv-Seite

Beschreiben Sie die Bevölkerungs- und Siedlungsentwicklung Vancouvers bis 1961 (M1, M3, M6, M7) unter Berücksichtigung des Modells der angloamerikanischen Stadt.

Erläutern Sie den funktionalen Wandel Vancouvers unter Berücksichtigung des Tertiärisierungsprozesses.

Stichpunktlösung zum Vergleichen

Zu Aufgabe 1

- naturgeografische Bedingungen Vancouvers:
  - an der Südwestspitze Kanadas am Fraser-Fluss gelegen und durch eine Gebirgskette östlich abgegrenzt
  - wirtschaftliche Küsten-Gunstlage am Pazifischen Ozean, Vancouver Island vorgelagert
  - Goldvorkommen im 19. Jahrhundert, heute keine bedeutenden Rohstoffvorkommen
  - gemäßigtes Klima mit hohen Niederschlägen
- anthropogeografische Bedingungen:
  - die junge Stadt Vancouver 1885 als Endpunkt der transkontinentalen Eisenbahn infrastrukturell erschlossen
  - ab 1939 Boom in der Eisen- und Stahlindustrie bis in die 1960er Jahre: in Werften Produktion für die kanadische Marine, 5000 Mitarbeiter bei Boeing in der Rüstungsindustrie beschäftigt, Zuwanderung von Arbeitskräften durch hohes Arbeitsplatzangebot im sekundären Sektor
  - unmittelbare Grenznähe zu den Vereinigten Staaten mit dem Wirtschaftszentrum Seattle
  - nur begrenzte agrarische Nutzung möglich
- Bevölkerungs-/Siedlungsentwicklung Vancouvers bis 1960:
  - junge Stadt, an der Schwelle zum 20. Jahrhundert ca. 30 000 Einwohner, in der ersten Hälfte des 20. Jahrhunderts durch starke Zuwanderung Entwicklung zu einem regionalen Zentrum mit ca. 300 000 Einwohnern
  - Ursache: Industrialisierung und Aufbau einer rohstoffverarbeitenden Industrie, besonders im Bereich der Eisen- und Stahlindustrie
  - bis 1961 weiterer Anstieg der Einwohnerzahl auf ca. 390 000, im Umland auf 825 000 durch die flächenhafte Ausdehnung Vancouvers (Greater Vancouver Regional District 1967 gegründet)
  - allmähliche Erweiterung der Downtown mit CBD als Teilbereich und als Kontrollzentrum der rohstoffbasierten Wirtschaft mit angrenzender, wenig verdichteter Wohnbebauung und innerstädtischem Gewerbe
  - langsam einsetzender sozialer Wohnungsbau am False Creek in veralteten Wohngebieten mit gemischter Wohnbevölkerung und mittlerer Bebauungsdichte
  - einsetzende Suburbanisierung von Bevölkerung und Gewerbe

Zu Aufgabe 2

- bis 2005 Funktionswandel Vancouvers von einem Standort der Eisen- und Stahlindustric zur Dienstleistungsmetropole
- in den 1970er Jahren Ausbau der Zentrum-Peripherie-Beziehungen und Herausbildung eines CBD mit zentralörtlichen Dienstleistungsfunktionen
- hohe Büroarbeitsplatzdichte in der Kernstadt („Bürostadt") bei geringer Wohndichte (Tertiärisierung der Beschäftigung)
- Ursache: der Niedergang der Eisen- und Stahlindustrie durch Rezession und Globalisierung in den 1980er Jahren mit anschließender Stilllegung und Nutzungsänderung von Betrieben/Gewerbebauten; Wachstumsschub mit Internationalisierung der Stadt durch Expo 1986
- seit den 1990er Jahren Herausbildung von Dienstleistungsclustern im Bereich Einzelhandel, Medien, Technologie und Tourismus (z. B. Shoppingcenter, Kultur und Unterhaltungszentren, Markthallen, aber auch Ärzteviertel) sowie Gewerbeclustern in suburbanen Bereichen z. B. am Hafen und Flughafen
- um die City von Vancouver mit Hochhäusern als charakteristischen Merkmalen eine breite Verdichtungszone mit regionalen Verdichtungskernen („Regional Town Centre") und lokalen Zentren an („Municipal Town Centre")
- Suburbanisierung als Folge des starken Bevölkerungswachstums Vancouvers in den letzten 30 Jahren (30 % in Vancouver City und 50 % in GVRD) vor allem durch transpazifische Zuwanderungswellen aus Hongkong und China als Quellgebieten (z. B. Zunahme des Bevölkerungsanteils der Chinesen von 20 % 1991 auf 26 % im Jahr 2001, Abnahme des englisch sprechenden Anteils der Bevölkerung von 56 % 1991 auf 49 % 2001)
- Ansiedlung von modernen Logistik- und Transportunternehmen im Bereich ehemaliger Gewerbe- und Industriegebiete
- Aufwertung von angrenzenden, innenstadtnahen Wohnbezirken im Westend durch „neue Mittelschicht" (Gentrifizierung)
- Erhalt älterer Bausubstanz in Wohngebieten und von Einfamilienhäusern in Downtown Eastside
- Entwurf von weiteren Großprojekten im Bereich Wohnen und moderner Technologien auch unter Berücksichtigung der Olympischen Winterspiele 2010 in Vancouver (z. B. Bau des Olympischen Dorfes)

Zu Aufgabe 3

- Druck auf Frei- und Grünflächen der Region durch Wachstum
- auch in Zukunft Bedarf an Wohnungsbau aufgrund des hohen Bevölkerungswachstums
- Bemühung um nachhaltigkeitsorientierten Um- und Neubau von Wohn- und Gewerbegebieten, um „ökologischen Fußabdruck“ zu lockern, z. B. durch die Erhaltung alter Bausubstanz
- Reduzierung des Flächenverbrauchs durch Umweltschutzmaßnahmen im Bereich der Siedlungsstruktur mit höherer Bebauungsdichte und sparsamen Umgang mit Freiflächen
- Schutz von Erholungsgebieten und Landschaftsflächen
- Lösung von Verkehrsproblemen in der Innenstadt: ÖPNV (Skytrain - Schnellbahn mit Anbindung zur Innenstadt) als Alternative zum PKW

ORIGINAL-AUFGABE 13

Fachgebiet	Siedlungsentwicklung und Raumordnung
Kapitel	Raumordnung und Stadtplanung
Thema	Umbau von Großwohnsiedlungen – Das Beispiel Berlin-Marzahn
Weitere Themenbereiche	Demographie Tertiärisierung Migration Konflikte sozialer Gruppen Staaten und Kulturgemeinschaften
Niveau/Jahr	Leistungskurs/2007

Aufgabenstellung

Umbau von Großwohnsiedlungen – Das Beispiel Berlin-Marzahn

1. Stellen Sie die Merkmale der Großwohnsiedlung Marzahn dar. (24 Punkte)
2. Erläutern Sie vor dem Hintergrund der Entwicklung Gesamtberlins die demographische Entwicklung in Marzahn und die sich daraus ergebenden Probleme. (30 Punkte)
3. Nehmen Sie kritisch Stellung zu der Frage, inwiefern die beiden dargestellten Projekte zur Stadterneuerung in Marzahn zur Lösung der Probleme beitragen können. (30 Punkte)

Material

M1: Großwohnsiedlungen 1945 – 1995 in Berlin

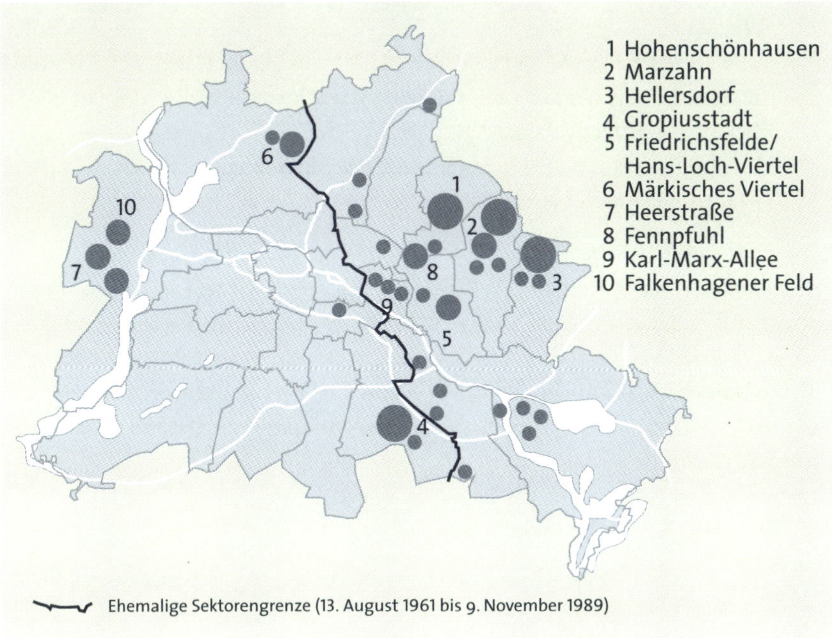

M2: Die Entwicklung von Marzahn

1975: In den Dörfern Marzahn, Mahlsdorf, Kaulsdorf, Biesdorf und den umliegenden Kleinsiedlungsgebieten leben umgeben von landwirtschaftlicher Nutzfläche ca. 50 000 Menschen. Beginn der Erschließungsarbeiten für die größte Großwohnsiedlung Deutschlands.

1977: Einzug der ersten Mieter in der Großwohnsiedlung Marzahn. Fertigstellung von ca. 6 000 Wohnungen pro Jahr.

1978 – 1988: 1978 Eröffnung der ersten Gaststätte, 1979 Eröffnung der ersten Poliklinik, 1982 Inbetriebnahme der S-Bahnstrecke, 1985 Eröffnung der Kaufhallenbäckerei, 1986 Eröffnung der Schwimmhalle am Helene-Weigel-Platz, 1988 letztes Marzahner Wohnhaus in Marzahn-Nord fertig gestellt.

1989: Die U-Bahn nimmt ihren Betrieb auf.

1991: Die Wohnungsbaugesellschaft Marzahn/Degewo beginnt mit der Verbesserung des Wohnumfeldes (seit 1991 70 Mio. € Investitionen) und der schrittweisen Sanierung und Modernisierung der Wohngebäude (bis 2004 80 % des Bestandes).

2001: In Marzahn stehen durchschnittlich 11 % des Wohnungsbcstandes leer. In einzelnen Teilbezirken liegt die Leerstandsquote bei 21 %. Fünf Schulen und 38 Kindertagesstätten werden nicht mehr genutzt. Durch die Bezirksneugliederung werden die Stadtteile Marzahn und Hellersdorf in einem Bezirk zusammengefasst.

2005: Eröffnung des neuen Einkaufs- und Erlebniszentrums „Eastgate“ an der Marzahner Promenade.

Quellen: eigene Zusammenstellung nach: Bezirksamt Marzahn-Hellersdorf und Regionalmanagement Marzahn-Hellersdorf (Hrsg.): Stärken zeigen. Wirtschaftsstandort Marzahn-Hellersdorf. Berlin 2004; Otto, Jeannette: Hier draußen ist die Luft so schön. Marzahn ist 20 geworden. In: Die Zeit Nr. 8, 18. Februar 1999; Diercke Handbuch, Braunschweig, 2003, S. 124/125; www.bmvbw.de/Aussem-BMVBW-.969.14639/.htm; www.berlin.de/.bin/print.php/ba-marzahn-hellersdorf/derbezirk/geschichte/fakten (Zugriff am 25. 06. 2006)

M3: Karte von Berlin-Marzahn

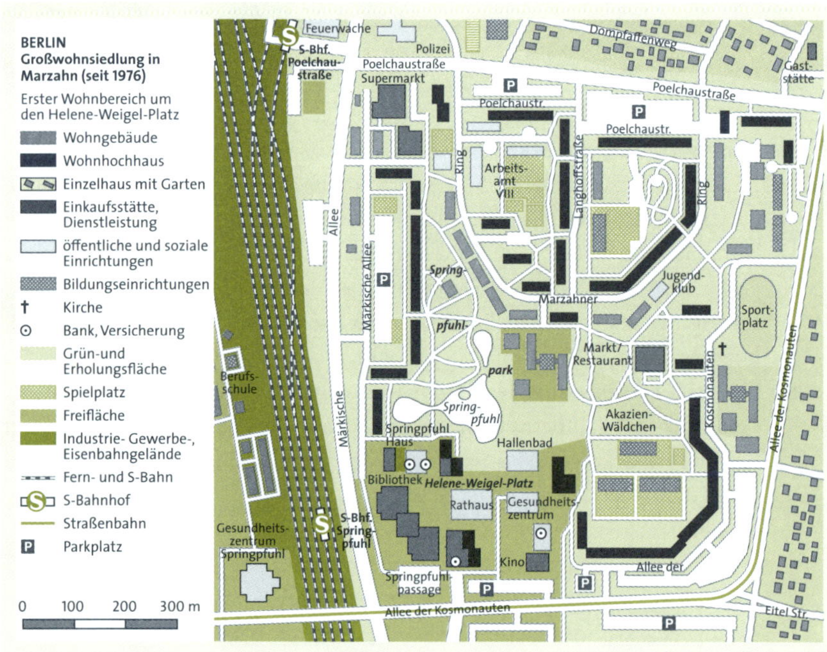

M4: Luftbildausschnitt von Marzahn

Quelle: picture-alliance/ZB

M5: Bevölkerungsentwicklung in Berlin und Marzahn*

Jahr	Bevölkerungsstand 1992 = 100		Anteil der unter 15-Jährigen an der Gesamtbevölkerung in %		Anteil der über 65-Jährigen an der Gesamtbevölkerung in %	
	Berlin	Marzahn	Berlin	Marzahn	Berlin	Marzahn
1992		100,0***	15,7	26,3	13,8	5,3
1994	100,2	100,1	15,3	23,8	13,7	6,0
1996	99,8	97,9	14,7	21,1	13,7	6,9
1998	98,1	91,6	14,0	18,0	13,8	8,1
2000	97,6	88,5	13,4	15,6	14,6	9,6
2002	97,9	85,9	12,8	13,3	15,5	11,1
2004	97,8	84,3	12,2	11,4	16,6	12,7

Quelle: Statistisches Landesamt Berlin - Jahresdatenbank (www.statistik-berlin.de, Zugriff am 04. 03. 06)

* Die Angaben beziehen sich auf den Stadtbezirk Marzahn-Hellersdorf.
** Bevölkerungsstand 1992 Berlin absolut: 3 465 700 Einwohner
*** Bevölkerungsstand 1992 Marzahn-Hellersdorf absolut: 298 100 Einwohner

M6: Räumliche und natürliche Bevölkerungsbewegung in Berlin

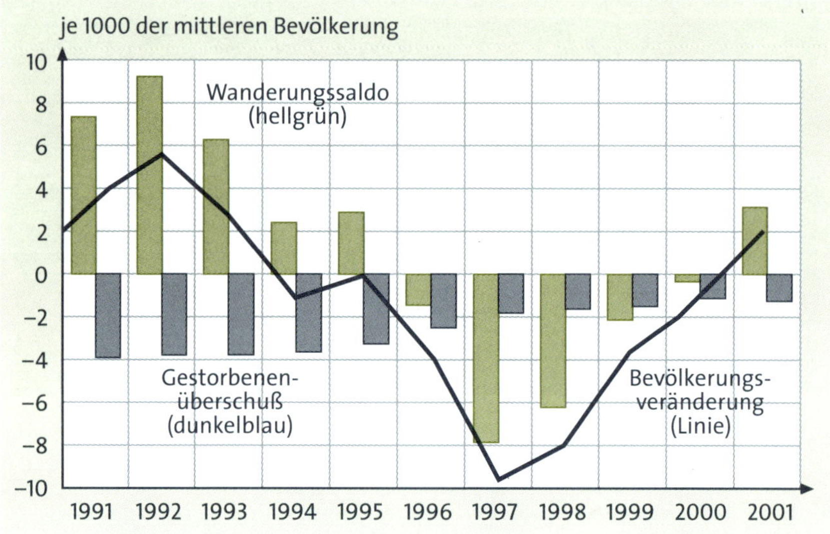

	Gesamtsaldo	Gestorbenen-überschuss	Wanderungssaldo
2002	+3994	-4691	+8585
2003	-3946	-4423	+477
2004	-660	-2346	+1686

Quellen: Breinessl, K./Elsner, E.: Berlin und sein Umland. Statistische Anmerkungen zur Bevölkerungsentwicklung und zur Umsetzung des politischen Konzepts der dezentralen Konzentration, 2003, S. 14 Abb. 2 (http://www.statistik-berlin.de/aktuell/ms2003/aufsatz0103.pdf, Zugriff am 04. 03. 06); www.statistik-berlin.de

M7: Strukturdaten von Marzahn-Nordwest und Berlin

Merkmal	Marzahn-Nordwest (repräsentativ für ganz Marzahn)	Berlin
Ausländeranteil in % (31. 12. 1999)	3,9*	13,1
Arbeitslosenanteil an den Erwerbspersonen in % (30. 6. 2000)	14,7	10,8
Anteil Sozialhilfeempfänger an der Bevölkerung in % 1995	4,0	
1997	8,4	
1998	9,8	
2001	10,6	

Quellen: eigene Zusammenstellung nach: Wieckert, R., Ellger, Ch. (Hrsg.): Exkursionsführer. Berlin + Brandenburg zwischen Kiez, Metropole und ländlicher Peripherie. Räumliche Entwicklungen seit 1989/90, Berlin 2004, S. 206; Endlicher, W., Lehmann, D., Kleßen, R. (Hrsg.): Tagungsband 29. Deutscher Schulgeographentag. Zwischen Kiez und Metropole – Zukunftsfähiges Berlin im neuen Europa. Berliner Geographische Arbeiten 97. Berlin 2004, S. 119

* In den 1990er Jahren wurde Marzahn Zuzugsort für Einwanderer, v. a. für Spätaussiedler aus der ehemaligen Sowjetunion. Da diese Migrantengruppen statistisch nicht als Ausländer geführt werden, gibt es keine exakten Angaben über ihre Anzahl im Wohngebiet. Schätzungen gehen von 3 000 bis 6 000 russlanddeutschen Einwohnern aus.

M8: Projekt „Ahrensfelder Terrassen"

Lage: Zentrum von Marzahn Nordwest, nördlich der Poelchaustraße in M 3

bisher: unsanierte elfgeschossige Gebäude der Wohnbauserie 70 mit ca. 1 650 Wohnungen (Plattenbautyp der 1970er Jahre)

Maßnahmen: Teilrückbau auf 3- bis 6-geschossige Häuser mit Dachterrassen (d. h. Abriss der oberen und Umgestaltung der unteren Etagen), teilweise Komplettabriss

nachher: 410 modernisierte Wohnungen in individuell gestalteten Häusern, u. a. 38 Eigentumswohnungen

Grundrisse: 2- bis 4,5-Zimmerwohnungen in den Größen 48 – 102 m² mit 39 unterschiedlichen Grundrissen für Familien, kinderlose Paare, Singles, Senioren, behinderte Menschen

Ausstattung: alle Wohnungen mit Balkon oder Dachterrasse (10%), Mietergärten im Erdgeschoss, moderne Küche, Bäder mit Fenstern, farblich abwechslungsreiche Hausfassaden

M 9: Projekt „Eastgate"

Eröffnung: 29. 09. 2005

Lage: zentral an der Kreuzung der Berliner Hauptverkehrsachsen Märkische Allee/Landsberger Allee, südlich des Kartenausschnitts in M 3 gelegen

Verkaufsfläche: ca. 32 000 qm auf zwei Ebenen mit etwa 150 Shops, u. a. ein Fachmarkt für Unterhaltungselektronik, Modehäuser, Boutiquen, ein Lebensmittel-Verbrauchermarkt, Warenhäuser, Restaurants, vier lichtdurchflutete Rundhallen

Service und Gastronomie: ca. 3 000 qm

Büro-/Praxisflächen: ca. 1 400 qm

Freizeit und Erlebnis: Eastgate Event Plaza, Open-Air-Bühne, Trend-Sportveranstaltungen (Street-Soccer, Beach-Volleyball, Freeclimbing), Erlebnis-Spielplatz und Kinderbetreuungsangebote

Parkplätze: ca. 1 400 direkt im Eastgate

Öffentliche Verkehrsmittel: S-Bahnhof „Marzahn" über „Eastgate-Bridge" direkt mit dem Center verbunden, 4 Straßenbahn- und 6 Buslinien direkt am Eastgate

Arbeitsplätze: bis zu 500 während der Bauphase (ohne Handwerker der Mieter); etwa 1 000 (Voll- und Teilzeit) nach der Eröffnung

Quellen: http://www.ece.de/de/news/content3.jsp?id=144 (Zugriff am 04. 03. 05); Bezirksamt Marzahn-Hellersdorf (Hrsg.): Planungszeitung Marzahn-Hellersdorf. „Eastgate Berlin". Stadtteilzentrum Marzahner Promenade. Bebauungsplan XXI-25a. Berlin 2004

M 10: Neue Einkaufsstandorte im Agglomerationsraum Berlin

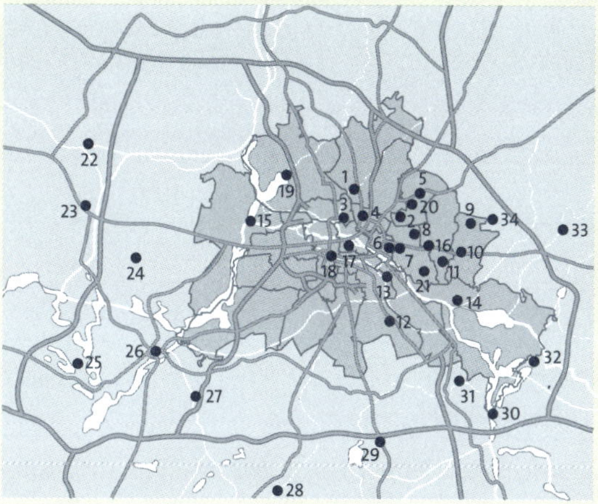

Daten zum Vergleich:

Verkaufsfläche in m^2 pro Einwohner (2003)

Berlin	1,25*
Brandenburg	1,30
München	1,21

* steigend, da weitere Verkaufsflächen geplant sind, bei einem derzeitigen Leerstand von 10% mit ebenfalls steigender Tendenz

Kaufkraft für den Einzelhandel pro Einwohner in Euro jährlich (2005)

Berlin	4350
Brandenburg	k. A.
München	5300

Einkaufszentren/Berlin (seit 1993): Nr. 1–21
Einkaufszentren/Umland: Nr. 22–34

Quellen: Kulke, E.: Entwicklungstendenzen suburbaner Einzelhandelslandschaften. In: Brake, K./Dangschat, J. S./Herfert, G. (Hrsg.): Suburbanisierung in Deutschland. Aktuelle Tendenzen, Opladen 2001, S. 68; Berliner Zeitung, 31.10.2003; Pressemitteilung vom 10. 10. 2005 der GFK Prisma

AKTIV-LÖSUNG 13

Anforderungsbereiche

Aufgabe	Anforderungsbereich	Bewertungseinheiten
1	I und II	24 von 100
2	I und II	30 von 100
3	II und III	30 von 100
	Die verbliebenen Punkte beziehen sich auf den Bereich „Darstellungsleistung“.	

Diese Prüfung ist eine Gesamtaufgabe für einen Leistungskurs. Von drei vorgelegten Aufgaben muss eine bearbeitet werden. Die Bearbeitungszeit für diese Aufgabe beträgt insgesamt 285 Minuten.

Checkliste zur Selbsteinschätzung

Worüber Sie vor dieser Prüfung Bescheid wissen sollten	Alles klar	Noch einmal nachlesen
Stadtplanung, Stadtphysiognomie, Infrastruktur		
Funktionalität von Städten		
Stadtsanierung		
Demographische Entwicklung (vgl. Kapitel „Methodenkompetenz: Die Arbeit mit Tabellen und Statistiken“)		
Suburbanisierung, Migration		
Standortfaktoren, -vorteile, -nachteile im Einzelhandel		

Hintergründe auch im POCKET TEACHER ABI ERDKUNDE, Kapitel Entwicklung städtischer und ländlicher Räume – Raumordnung

Erwartungshorizont

- Lagebestimmung des Raumbeispiels mit Themenbezug
- Einordnung von Marzahn als Großwohnsiedlung
- Erarbeitung physiognomischer Merkmale
- Darstellung der räumlichen Funktionstrennung
- Charakterisierung und Interpretation der Infrastruktur
- Verweis auf hohe Leerstände und Sanierungsmaßnahmen
- demographische Entwicklung Berlins als Folge der natürlichen Bevölkerungsentwicklung und des Wanderungssaldos
- Anführung von Suburbanisierung als ein Grund für Bevölkerungsverluste
- Einbezug des Zuzugs von Einwanderern und Spätaussiedlern
- Vergleich der demographischen Entwicklung Marzahns mit der Gesamtberlins
- Ableitung von Problemen aus den Teilergebnissen zur demographischen Entwicklung
- Charakterisierung der beiden Projekte in Marzahn als Stadtsanierungsmaßnahme mit dem Ziel der Attraktivitätszunahme
- Darstellung des Projektes „Ahrensfelder Terrassen“
- kritische Auseinandersetzung mit dem Projekt „Ahrensfelder Terrassen“
- Ziele des Projektes „Eastgate“
- kritische Auseinandersetzung mit dem Projekt „Eastgate“
- kritische und zukunftsorientierte Aussagen zu den Projekten und deren Nachhaltigkeit

Lösungsschritte

Um die vorliegende Prüfung zu lösen, sind folgende Arbeitsschritte sinnvoll	Alles klar
Darstellung der Lage und der Lagebeziehungen des Raumbeispiels (Atlas) und anschließende Kennzeichnung Marzahns als Großwohnsiedlung (M1, M2)	
Überblick über die (aktuelle) Entwicklung Marzahns (M2)	
Beschreibung und Interpretation der Materialien 3 und 4	
Herausarbeiten der funktionalen Gliederung und stadtplanerischer Elemente	
Betrachtung der Anlage der Infrastruktur (auch M2, ggf. Atlas) und deren Ausrichtung	
Erarbeiten und Erläutern der demographischen Entwicklung des Raumbeispiels, zum Teil im Vergleich zu Gesamtberlin, unter Einbezug der Daten aus M5 und M6	
Nennung von Gründen für diese Entwicklung	
Zusammenstellung der Ergebnisse der demographischen Entwicklung verknüpfender Einbezug der Strukturdaten aus M7	
Entwicklung einer Problemstellung für das Raumbeispiel	
Analyse der beiden vorgestellten Projekte (M8 und M9) und Charakterisierung der jeweiligen Zielvorstellungen	
präzise Darstellung des Projektes „Ahrensfelder Terrassen" und kritische Auseinandersetzung mit diesem	
präzise Darstellung des Projektes „Eastgate"	
Bewertung der Wirksamkeit von „Eastgate" unter Berücksichtigung der Daten aus M10	
kritische Stellungnahme zur Qualität und Nachhaltigkeit der Projekte angesichts der erarbeiteten Probleme	

Aktiv-Seite

Beschreiben und interpretieren Sie die Materialien 3 und 4 im Hinblick auf die Merkmale der Großwohnsiedlung Berlin-Marzahn.

Stellen Sie die Ergebnisse der demographischen Entwicklung Marzahns zusammen und formulieren Sie die sich daraus ergebenden Probleme.

Stichpunktlösung zum Vergleichen

Zu Aufgabe 1

- Lage des Raumbeispiels Berlin-Marzahn:
  - im Osten Berlins im Gebiet der ehemaligen DDR, in Nachbarschaft der Stadtteile Hohenschönhausen im Nordwesten, Hellersdorf im Osten, Fennpfuhl im Westen und Friedrichsfelde/Hans-Loch-Viertel im Südwesten ☐
  - eine von zehn Großwohnsiedlungen im ehemaligen Ost-Berlin, seit dem Jahr 1975 durch geplanten Zusammenschluss mehrerer Dörfer entstanden, nach und nach baulich erweitert ☐
- Physiognomie:
  - Planung gekennzeichnet durch Einheitlichkeit, teilweise dichte Bebauung und architektonische Monotonie, meist in Form von typisierter Plattenbauweise ☐
  - Gebäude unterschiedlicher Geschosszahl in verschiedenen Ensembles und Formen erkennbar, dazu Bereiche mit einem hohen Freiflächenanteil als Grün- und Erholungsflächen für die schwerpunktmäßige monofunktionale Wohnsiedlung ☐
  - weitere Funktionen: Versorgung am Rand der Siedlung und verteilte Bildungseinrichtungen, räumlich durch Bahnlinie getrennt ein Industrie- und Gewerbegebiet ☐
  - Straßensystem der Siedlung: hierarchisch gegliedert, ausgehend von breiten Hauptstraßen, welche Siedlung umführen; davon abzweigend zahlreiche kleine Straßen, welche Siedlung durchziehen; Gebiet durch ÖPNV erschlossen ☐
  - mehrere Versorgungseinrichtungen und Angebote der sozialen Infrastruktur für die Anwohner, jedoch eher auf jüngere Bevölkerung ausgelegt (z. B. Kindertagesstätten oder Spielplätze) ☐
  - im Jahr 2001 zahlreiche Wohnungen und soziale Einrichtungen leer bzw. nicht genutzt ☐
  - Leerstand trotz der im Jahre 1991 durch die Wohnungsbaugesellschaft Marzahn/DEWEGO begonnene Sanierung, Modernisierung und Umstrukturierung der Großwohnsiedlung ☐
  - Ziel der Sanierung: Steigerung der Attraktivität des Wohnstandortes ☐

Zu Aufgabe 2

- Bevölkerungsentwicklung Berlins:
  - zwischen den Jahren 1996 und 2004 rückläufig; prozentualer Anstieg der Anzahl der Rentner, prozentuale Abnahme der jugendlichen Bevölkerung ☐
  - Tendenz zur Überalterung konkret in Marzahn zu beobachten, die natürliche Bevölkerungsentwicklung und das Wanderungssaldo bei dieser Entwicklung von Bedeutung ☐
  - in den Jahren 1991 bis 1993 positive Entwicklung aufgrund eines positiven Wanderungssaldos in Berlin ☐
  - in den folgenden Jahren bis 2000 negativer Verlauf, zusätzlich begünstigt durch die natürliche Bevölkerungsentwicklung ☐
  - in den Jahren 2001 und 2002 positive Entwicklung durch einen positiven Wanderungssaldo ☐
  - im Jahr darauf, bedingt durch einen erheblichen Gestorbenenüberschuss, eine deutlich negative Entwicklung ☐
  - negative Entwicklung im Jahr 2004 durch einen positiven Wanderungssaldo gemindert ☐
  - Suburbanisierung und Abwanderungen der Bevölkerung als Gründe für die in den vergangenen Jahren insgesamt rückläufige Bevölkerungsentwicklung durch das Wanderungssaldo anzuführen ☐
  - keine Kompensierung der starken Abwanderung in Marzahn durch den Zuzug von Einwanderern und Spätaussiedlern ☐
  - demographische Situation Marzahns ergänzt durch einen vergleichsweise geringen Ausländeranteil (allerdings hier Migranten aus der ehemaligen Sowjetunion statistisch nicht erfasst) ☐
  - laut Schätzungen dagegen im Vergleich zu Gesamtberlin: höherer Arbeitslosenanteil, dazu steigende Anzahl der Sozialhilfeempfänger seit 1997 ☐
- aus diesen Teilergebnissen zur demographischen Entwicklung in Marzahn erkennbare Probleme:
  - mögliche Steigerung des Bevölkerungsrückgangs durch Überalterung ☐
  - Zunahme der Wohnungsleerstände durch den Bevölkerungsrückgang ☐
  - Verfall der Bausubstanz infolge der Leerstände ☐
  - unvollständige Nutzung bestehender sozialer Einrichtungen ☐
  - Gefahr von Imageverlusten aufgrund der veränderten soziokulturellen Bevölkerungsstruktur ☐

Zu Aufgabe 3

- zwei Projekte zur Stadtsanierung in Marzahn, um der rückläufigen Bevölkerungsentwicklung und den anderen angesprochenen Problemen entgegen zu wirken ☐
- jeweils unterschiedliche Schwerpunkte zur Erhöhung der Attraktivität der Siedlung ☐
- Projekt „Ahrensfelder Terrassen":
  Ziel: die Verbesserung der Wohnqualität ☐
- Projekt „Eastgate":
  Ziel: Verbesserung des infrastrukturellen Angebots ☐
- „Ahrensfelder Terrassen":
- Reduzierung der Leerstände durch Teilabriss oder Komplettabriss, Abmilderung der architektonischen Monotonie durch abwechslungsreiche und individuelle Umgestaltung der Fassaden, neu gestaltete Dachterrassen; neue Freiflächen und Mietergärten als weitere Elemente der Wohnumfeldverbesserung ☐
- wichtiger Bestandteil der Erneuerung: Angleichung der Wohnungen an die veränderte demographische Situation durch senioren- und behindertengerechte Gestaltung der Wohnungen bzw. Berücksichtigung von Bedürfnissen von Singles und kleinen Familien ☐
- kritische Anmerkungen zu diesem Projekt: räumlich recht begrenzt in Anbetracht der Größe Marzahns; zudem fraglich, ob Image der Großwohnsiedlung durch Umgestaltung tatsächlich zu mindern ist ☐

FAZIT:
Die „Ahrensfelder Terrassen" stehen weiterhin in Konkurrenz zu den alternativen Wohnräumen im suburbanen Raum oder sogar in der Innenstadt. ☐

- „Eastgate":
- Attraktivitätssteigerung durch modernes Einkaufsangebot und ein urbanes Entertainment Center ☐
- Erweiterung der Branchenstruktur im Einzelhandel; Versuch, Image der Großwohnsiedlung zu verbessern und Angebot auf dem Arbeitsmarkt durch die Schaffung von Arbeitsplätzen im tertiären Sektor zu erhöhen ☐
- kritische Anmerkungen zu diesem Projekt:
  Wirksamkeit aufgrund der Konkurrenzsituation mit 33 neuen Einkaufsstandorten, dem Überangebot an Verkaufsflächen in Berlin und dem umgebenen Bundesland Brandenburg anzuzweifeln; zudem vergleichsweise geringe Kaufkraft in Berlin (beispielsweise im Vergleich zu München): bei Betrachtung der neu geschaffenen Angebotsstruktur im Verhältnis zur angesprochen sozio-

ökonomischen und demographischen Bevölkerungsstruktur Marzahns eine deutliche Diskrepanz zu erkennen, was wiederum die Wirksamkeit und das Erreichen der Zielsetzung infrage stellt

Fazit:

Abschließend ist unter Abwägung verschiedener Argumente festzustellen, dass die beiden dargestellten exemplarischen Projekte den Stadtsanierungsprozess nur bedingt positiv beeinflussen und die aufgetretenen Probleme auf diese Weise lediglich teilweise gelöst werden können.

ORIGINAL-AUFGABE 14

Fachgebiet	Siedlungsentwicklung und Raumordnung
Kapitel	Raumordnung und Stadtplanung
Thema	Raumordnung in Metropolregionen von Entwicklungsländern – Das Beispiel Kairo
Weitere Themenbereiche	Entwicklungsländer Migration Raumplanung Städte verschiedener Kulturen
Niveau/Jahr	Grundkurs/2008

Aufgabenstellung

Raumordnung in Metropolregionen von Entwicklungsländern –
Das Beispiel Kairo

1. Analysieren Sie das räumliche und demographische Wachstum Kairos.
2. Erklären Sie die Maßnahmen der Raumplanung in der Region Großraum Kairo unter Berücksichtigung der Neuen Stadt „10. Ramadan“.
3. Erörtern Sie Möglichkeiten und Grenzen des Konzepts Neuer Städte in Entwicklungsländern am Beispiel des Großraums Kairo.

Zugelassene Hilfsmittel

- der an der Schule in der Qualifikationsphase überwiegend verwendete Atlas, in einer für alle Prüflinge gleichen Auflage
- Wörterbuch zur deutschen Rechtschreibung
- Taschenrechner

Material

M1: Atlaskarten nach Wahl

M2: Großraum Kairo

M3: Bevölkerungsentwicklung von Kairo

	1960	1976	1986	1996	2004
Stadt Kairo	3 349 000	5 074 000	6 053 000	6 789 000	7 610 000
Großraum Kairo	4 825 000	7 965 000	12 653 000	14 883 000	15 863 000

M4: Entwicklung des städtischen Wohnraums

Das ungeheure Wachstumstempo von Kairo übersteigt bei weitem die Möglichkeiten der Stadt, die Millionen neuer Bewohner zu beherbergen. Diese Zuwanderer aber waren gezwungen, Wohnraum zu finden – mit oder ohne Hilfe der städtischen Behörden. Und sie haben Wohnraum gefunden: Die Aufstockung von Gebäuden (das Errichten illegaler Etagen auf den Dächern bestehender Häuser) hat schon vor 1945 begonnen. Dies betrifft mehr als 50 % des städtischen Raums und findet sich sowohl im Zentrum der Altstadt wie auch in neueren Wohngebieten. Selbst spontan errichtete Gebäude, oft sowieso schlecht gebaut, erfuhren und erfahren noch immer eine intensive Aufstockung. Das Einstürzen der Häuser, die dieses Gewicht nicht aushalten, hat oft tödliche Folgen. Die Besiedlung der Friedhöfe ist ein weiteres Kennzeichen des städtischen Wachstums von Kairo. Die Grabgewölbe der großen Totenstädte, die vor allem im Osten der Altstadt liegen, beherbergen zwei Millionen Menschen.

Quelle übersetzt nach: Bréal: Géographie Seconde, Paris 2005, S. 144 – 145

M5: Städtewachstum und Raumordnungsprogramme

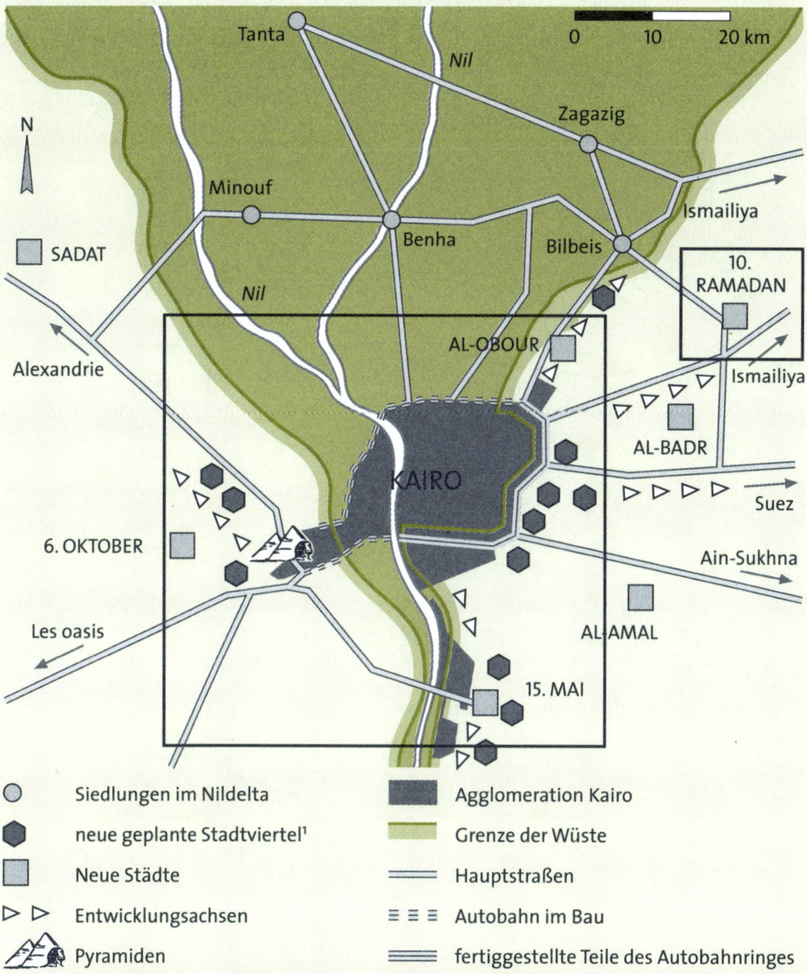

Hinweis: [1]entsprechen den neuen Plangebieten in M 2 (Neue Plangebiete 1980)

M6: „10. Ramadan“ – Beispiel einer Neuen Stadt im Großraum Kairo

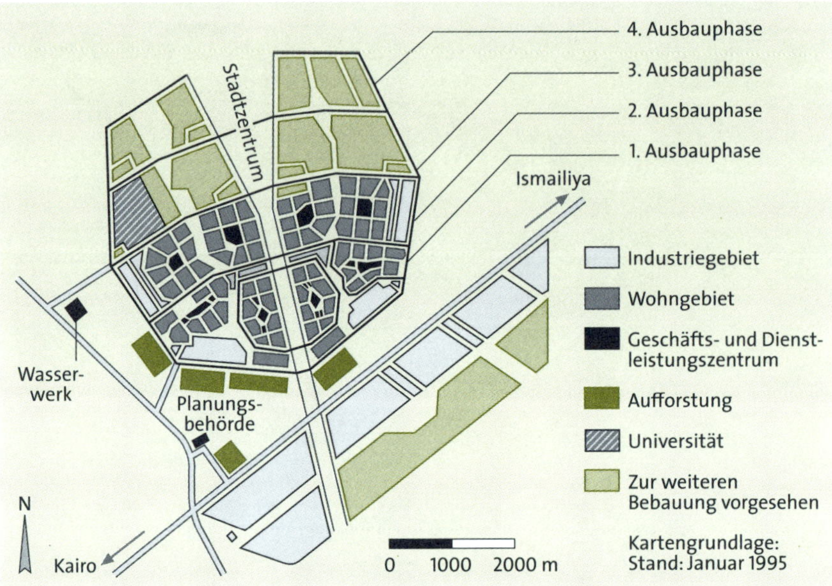

Quelle: Meyer, G. (1996): Kairo – Entwicklungsprobleme einer Metropole der Dritten Welt. Problemräume der Welt. Band 11, S. 39. Aulis Verlag, Köln

M7: Bevölkerung der Neuen Städte

Neue Stadt	Bevölkerung 1996	angestrebte Bevölkerungsentwicklung bis 2002
Al Badr	–	250 000
Sadat City	18 000	500 000
10. Ramadan	105 000	500 000
Al Amal	–	500 000

Anmerkung: Für die Neuen Städte 6. Oktober, 15. Mai und Al Obour sind keine Zahlen verfügbar.

Quelle: Stewart, D. J. (1996): Cities in the Desert. The Egyptain New-Town Program. Annals of the Association of American Geographers. 86, 3, S. 465

M8: Unternehmen in der Stadt „6. Oktober“

Anzahl der Unternehmen

1991	1992	1993	1994	1995	1998	2000
190	202	296	349	385	562	772

Anzahl der Beschäftigten (2000)	Anzahl der Unternehmen (2000)	in %
1 bis 9	73	12,6
10 bis 99	341	58,8
100 bis 499	141	24,3
500 und mehr	25	4,3
Insgesamt	588	100

Quelle: http://revel.unice.fr/cmedi.document.html?id=75 (Zugriff 14. 1. 2007)

M9: Die Neuen Städte – zwei Einschätzungen

Hoda Edward, Forscherin am Planungszentrum von Groß-Kairo:

Die Anfänge waren schwierig. Den Behörden gelang es nicht, die unteren Bevölkerungsschichten anzuziehen. Das Konzept der Neuen Städte wurde mehrfach überarbeitet. Der Staat hat zunächst einen Teil der Flächen dem privaten Sektor überlassen. Dies sollte dazu beitragen, die Städte zu entwickeln, damit einkommensstärkere Schichten angezogen werden. Der Zuzug der Mittel- und Oberschicht hat aber auch Ägypter mit geringem Einkommen angezogen. Der Staat hat ihnen Grundstücke von 300 bis 350 m^2 angeboten. Die Behörden haben auch Wohnraum für junge Familien geschaffen. Diese Wohnungen sind billig und können langfristig abbezahlt werden. Heute kann man feststellen, dass es den Behörden gelungen ist, gleichzeitig Wohnraum für die Unter-, Mittel- und Oberschicht bereitzustellen. Die Neuen Städte beherbergen mehr als 700 000 Personen und wachsen um 18 %. Es gibt Parkanlagen, Supermärkte, Schulen sowie Dienstleistungsunternehmen. Dennoch sind diese Städte kein voller Erfolg.

Es fehlt ein Netz schneller Verkehrsmittel, wie Metro, Autobus oder Bahn. Dieses Netz sollte alle Städte untereinander verbinden, vom „6. Oktober“ im Westen bis zum „10. Ramadan“ im Osten. Auf jeden Fall braucht es Zeit, um die Menschen zu überzeugen, dass sie ihre Familie und ihr Stadtviertel in Kairo verlassen sollen, um ein neues Leben in den Neuen Städten zu beginnen.

Omar, 26 Jahre, verheiratet, Vater von 4 Kindern:
Die vom Wohnungsministerium in der Stadt „15. Mai" angebotenen Wohnungen sind ohne Wasser und Elektrizität. Im Übrigen wird mich diese Wohnung 1500 LE kosten, und ich habe kein Geld, um eine solche Summe zu bezahlen. Selbst wenn ich eine feste Anstellung fände, würde ich niemals mehr als 150 LE im Monat verdienen. Hier in der Totenstadt gebe ich 18 LE im Monat an den Chef der Friedhofswärter, um im Grabgewölbe wohnen zu dürfen. Mit den Toten zu leben, ist die einzige Lösung.

Anmerkung: 1 LE (Ägypt. Pfund) = 2 Euro
Quelle übersetzt nach: www.larevuedegypte.com – edition février 2006 (Zugriff 14. 01. 2007)

AKTIV-LÖSUNG 14

Anforderungsbereiche

Aufgabe	Anforderungsbereich	Bewertungseinheiten
1.	I	28 von 100
2.	II	26 von 100
3.	II, III	26 von 100

Diese Aufgabe ist eine vollständige Abituraufgabe für einen Grundkurs. Die Bearbeitungszeit liegt bei insgesamt 180 Minuten.

Checkliste zur Selbsteinschätzung

Worüber Sie vor dieser Prüfung Bescheid wissen sollten	Alles klar	Noch einmal nachlesen
Lesen und Auswerten von Karten, Statistiken und Texten (vgl. Kapitel „Methodenkompetenz")		
Metropolisierung		
Binnenmigration und deren Ursachen und Folgen		
demographische Situation, Ursachen und Folgen in Entwicklungsländern		
Städte verschiedener Kulturen (hier: die orientalische Stadt)		
Raumplanung		

Hintergründe auch im POCKET TEACHER ABI ERDKUNDE, Kapitel Entwicklung städtischer und ländlicher Räume - Raumordnung

Erwartungshorizont

- Lokalisierung der Stadt Kairo
- Auswertung und Beschreibung der Karten und Materialien
- Darstellung des enormen flächenhaften und demographischen Wachstums des Großraums Kairo
- Erarbeitung der Folgen dieses Prozesses
- Darlegung der Notwendigkeit von Raumplanung
- Darstellung der Grundzüge des Raumordnungsprogramms
- Beschreibung konkreter Maßnahmen
- Verdeutlichung der Konzeption Neuer Städte am Beispiel „10. Ramadan"
- Erläuterung der Anlage und funktionalen Gliederung von „10. Ramadan"
- Beschreibung positiver Ergebnisse
- Beschreibung nicht erreichter Ziele und Gründe hierfür
- Darstellung bislang nicht gelöster Probleme
- Nennung erforderlicher weiterer Maßnahmen
- Materialkritik

Lösungsschritte

Um die vorliegende Prüfung zu lösen, sind folgende Arbeitsschritte sinnvoll	Alles klar
Materialien zur Darstellung der Ausgangssituation auswerten	
Folgen und Ursachen der Situation unter Verwendung genannter Daten und Fakten darstellen	
Situation beurteilen und Konsequenzen ziehen	
die im Material vorgestellten Konsequenzen bearbeiten	
Erfolge abwägen und kritische Antwort formulieren	
Material kritisch beurteilen	
kritische Abschlussbewertung unter Einbezug weiterer Lösungsansätze formulieren	

Aktiv-Seite

Beschreiben und erläutern Sie das demographische und räumliche Wachstum Kairos.

Stellen Sie Maßnahmen zur Entlastung von Metropolregionen in Entwicklungsländern dar.

Stichpunktlösung zum Vergleichen

Zu Aufgabe 1

Kairo, Megacity im Norden Ägyptens: am Nildelta gelegen; Hauptstadt des Landes; städtische Keimzelle Kairos: die Altstadt, am rechten Nilufer in der Flussoase ☐

- seit 1968 im Großraum Kairo und unmittelbar an die Altstadt angrenzend eine deutliche Ausdehnung der städtischen Fläche:
  - 1970 geplant Wohngebiete im Süden, gleichzeitig ungeplant spontan errichtete Wohngebiete am Stadtrand, im Niltal wie auch im Delta ☐
  - seit den 1980er Jahren Ausdehnung und Verlagerung dieses Wachstums in die umgebende Wüste ☐
- Wohnviertel der gehobenen Bevölkerungsschicht von den Quartieren der Unterschicht getrennt (aufgrund der in modernen Großstädten vorzufindenden Sozialgradienten und begründet in der Tradition orientalischer Städte) ☐
- seit Beginn der 1960er Jahre demographische Entwicklung Kairos geprägt von sehr starkem Bevölkerungswachstum (1960 – 2004):
  - Verdoppelung der Bevölkerungszahl der Stadt Kairo ☐
  - Verdreifachung der Bevölkerungszahl des Großraums Kairo ☐
  - Zunahme vor allem aufgrund der außerordentlichen Zuwanderung ☐
- Folgen der Zunahme der Einwohnerzahl:
  - evidente räumliche Probleme ☐
  - Entwicklung marginaler und illegaler Siedlungen wie auch unkontrollierter Bau von Immobilien ☐
  - sogar Friedhöfe als Siedlungsraum genutzt ☐
  - Gebäude schlecht errichtet bzw. illegal aufgestockt, Einsturzgefahr ☐

FAZIT:
Ausgehend von diesem, z. T. unkontrollierten, enormen flächenhaften und demographischen Wachstum im Großraum Kairo wird die Notwendigkeit stadt- und raumplanerischer Maßnahmen seit 1970 deutlich. ☐

Zu Aufgabe 2

Grundlage dieses Raumordnungsprogramms:

- Schaffung eines Systems von geplanten neuen Trabantenstädten in der Wüste zur Entlastung der urbanen Agglomeration ☐
- dadurch Kontrolle des Wachstums, Eindämmung des Flächenverlusts begrenzter landwirtschaftlicher Nutzfläche durch Besiedelung erhofft ☐
- konkrete Maßnahmen: die Erweiterung der Infrastruktur, insbesondere des Verkehrsnetzes einschließlich des Baus einer Umgehungsstraße; die geplante

Errichtung neuer Wohngebiete entlang der definierten Entwicklungsachsen sowie die Gründung sieben neuer Städte in einem Umkreis von bis zu 60 km vom Stadtzentrum

Beispiel für das Konzept Neuer Städte: die Stadt „10. Ramadan":
- geplant für eine Einwohnerzahl von 500 000 (für das Jahr 2002)
- angebunden an das nationale Straßennetz
- Konzeption: autonome Stadt mit multifunktionalen Einrichtungen; Erweiterungsflächen ebenfalls einkalkuliert
- Grundfläche der Stadt: in der Ausdehnung ca. 100 km^2
- geplanter, symmetrischer Grundriss, mit Hauptachse als urbanem Zentrum
- funktionale Gliederung in Wohnen, Arbeiten, Versorgung und Bildung

Fazit:
Aufgrund ihrer Kapazitäten und ihrer Anlage als autonome Städte erfüllen die Neuen Städte zunächst einmal die vorrangigen Ziele des Entlastungskonzeptes.

Zu Aufgabe 3
- Ergreifen von Maßnahmen zur kontrollierbaren Raumplanung aufgrund des großen Bevölkerungswachstums im Großraum Kairo unumgänglich
- Maßnahmen durchaus mit positiven Ergebnissen (z. B. der Zuzug von 700 000 Menschen in die Neuen Städte, Wachstumsrate von 18 % und Bereitstellung zahlreicher neuer Arbeitsplätze, bedingt auch durch die Neugründung von Unternehmen im Bereich der Neuen Städte)
- neben wirtschaftlicher Infrastruktur auch schulische Infrastruktur
- Erfolge der Neuen Städte jedoch auch kritisch zu sehen:
  - geplante Bevölkerungszahlen bisher nicht erreicht
  - verkehrstechnische Anbindung noch nicht auf dem angestrebten Niveau
  - Gründe für den schleppenden Zuwachs: begrenzte Attraktivität der Retortenstädte inmitten der Wüste, Mietpreisniveau
- Folgerung: noch keine endgültige und nachhaltige Lösung der gesamtstaatlichen Raumordnungsprobleme durch das Konzept der Neuen Städte
- wichtig: Verbindung von Konzepten zur Entlastung von Metropolregionen in Entwicklungsländern mit weiteren grundlegenden Maßnahmen, z. B. langfristige Senkung des Bevölkerungswachstums und Stärkung ländlicher und peripherer Gebiete zur Verminderung der Landflucht
- kritische Bewertung des Materials: eine aktuelle Beurteilung und eine Prognose im Sinne der Aufgabenstellung kaum möglich, da Zahlen und Daten fehlen oder veraltet sind

Original-Aufgabe 15

Fachgebiet	Ausgewählte globale Problemfelder
Kapitel	Globaler Tourismus
Thema	Mallorca (Balearen) – Tourismus als Entwicklungsfaktor?
Weitere Themenbereiche	Entwicklungsländer Mittelmeerraum Räumliche Disparitäten in der EU
Niveau/Jahr	Leistungskurs/2008

Aufgabenstellung

1. Beschreiben und erklären Sie anhand von Material 1 und ausgewählten Atlaskarten die naturräumlichen Gegebenheiten von Mallorca. (20 BE)
2. Analysieren Sie die wirtschaftliche Bedeutung des Tourismus auf Mallorca bzw. auf den Balearen (Material 2–7). Gehen Sie dabei auf Vorzüge und Risiken der tourismusorientierten Entwicklung ein. (25 BE)
3. Vergleichen Sie Mallorca mit je einem selbstgewählten Raum/Land innerhalb und außerhalb Europas (siehe z.B. Material 8). Erörtern Sie dabei die Rolle des Tourismus bei der wirtschaftlichen Entwicklung peripherer Räume. (35 BE)
4. Entwerfen Sie eine Entwicklungsplanung für Mallorca unter Berücksichtigung der in Aufgabe 2 beschriebenen Probleme sowie von Material 9. (20 BE)

Material

Material 1

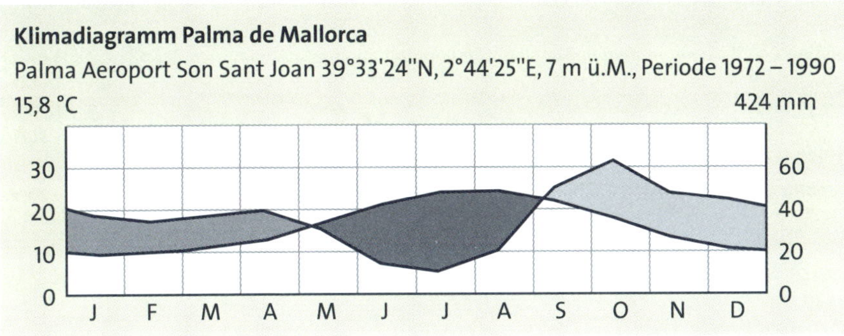

aus: Schürgers, Petra: „Lokale Tourismus-Systeme Mallorcas". Düsseldorfer Geographische Schriften, 40, 2005, S. 4

Material 2

Das regionale Pro-Kopf-Einkommen im europäischen Vergleich

Region	BIP/Einwohner, EU = 100 1980	1999	Differenz[1]
Andalusien	56	60	4
Aragon	75	87	12
Asturias	76	71	–5
Balearen	85	101	16
Baskenland	88	101	13
Extremadura	45	52	7
Galizien	60	65	6
Kanaren	58	81	23
Kantabrien	78	78	0
Kastilien-Leon	69	75	6
Kastilien-Mancha	60	65	5
Katalonien	82	101	19
La Rioja	87	93	6
Madrid	80	112	31
Murcia	64	68	4
Navarra	89	105	16
Valencia	70	79	9
Spanien	**70**	**82**	**12**

1 Differenz zwischen BIP/Einw. 1999 und 1980 in Prozentpunkten

aus: Revilla Diez 2005, S. 8., nach Eurostat 2002

Material 3

Bevölkerungszahlen und Wachstumsindizes Mallorcas 1950 – 2001

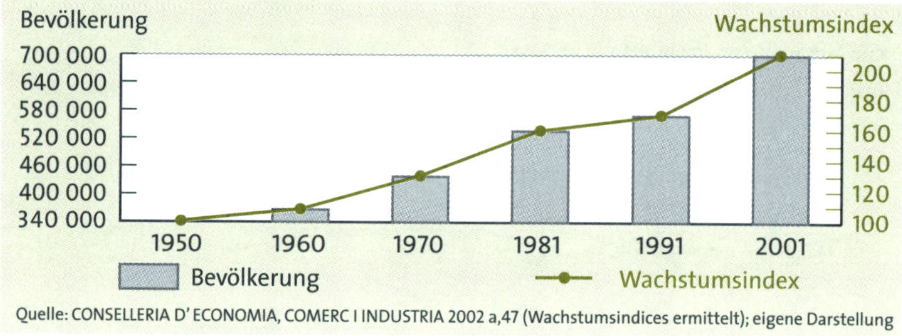

aus: Schürgers, 2005, S. 5

Material 4

Beschäftigte der Balearen nach Wirtschaftssektoren

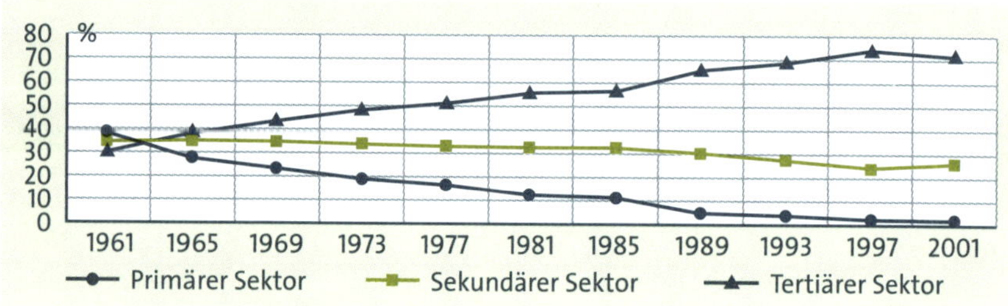

aus: Schürgers, 2005, S. 5

Material 5

Nationalität der 1996 und 2003 auf Mallorca gemeldeten Einwohner

	1996	2003
Gesamt-Einwohner	609 150	753 584
Spanier	585 740	655 482
Ausländer	23 410	98 102
davon: Europäer	17 666	49 458
davon: Deutsche	6 181	18 572
Briten	4 721	9 575
Franzosen	1 899	4 027
Belgier-Niederländer	1 382	2 377
Italiener	680	4 123

aus: Schürgers, S. 6

Material 6
Touristen und Deviseneinnahmen aus dem Tourismus in Spanien 1992 – 2003

Jahr	Ausländische Besucher in 1000	Einnahmen in Mio Euro
1992	53 330	13 619
1993	57 223	15 266
1994	61 428	17 069
1995	63 255	18 998
1996	61 795	21 053
1997	64 552	23 560
1998	70 858	26 793
1999	76 392	30 562
2000	74 413	33 655
2001	75 712	36 602
2002	78 952	35 543
2003	82 592	–

Anmerkung: Im Jahr 2000 besuchten 10,1 Mio. Touristen die Balearen (vgl. Diercke 2002,S. 103, Karte 2)

aus: Nohlen/Hildebrand 2005, S. 63, nach Instituto de Estudios Turisticos, Madrid

Material 7
Unterkünfte im ländlichen Mallorca

	1994		1997		2000		2003	
	Unterkünfte	Betten	Unterkünfte	Betten	Unterkünfte	Betten	Unterkünfte	Betten
HR (4-Sterne-Unterkunft)	3	76	7	179	12	418	17	640
AT (Finca)	42	398	52	523	83	959	116	1 489
Hi (Jugendherberge)	–	–	2	22	11	123	31	388
Σ	**45**	**474**	**61**	**724**	**106**	**1 500**	**164**	**2 517**

aus: Schürgers 2005, S. 24, nach: Conselleria de Turisme 2003, S. 92f. und 2004, S. 76 u. 87

Material 8
Internationaler Tourismus in Thailand

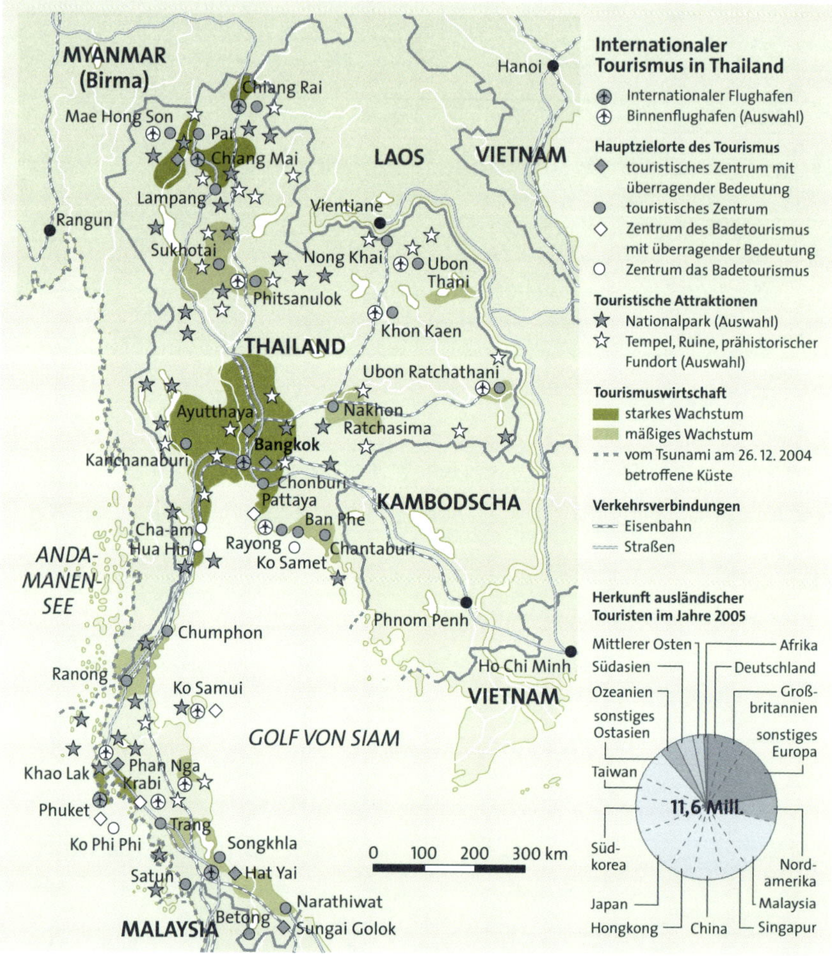

aus: Haack Weltatlas, Klett Perthes Verlag, Gotha 2007, S. 153

Internationale touristische Ankünfte und Einnahmen aus dem Tourismus

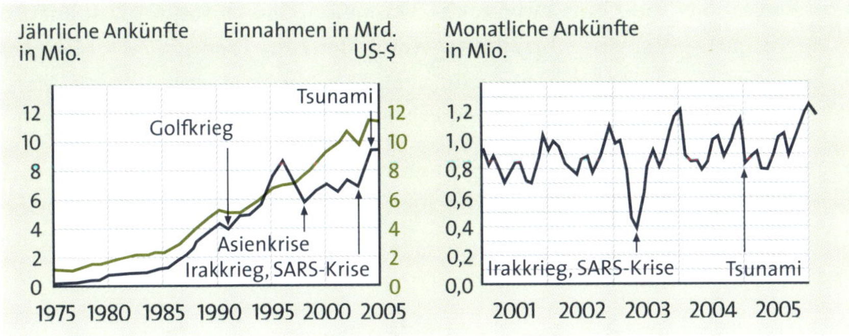

aus: Haack Weltatlas, Klett Perthes Verlag, Gotha 2007, S. 153

Material 9

Das ist er nun endlich: der hochgelobte sanfte Tourismus

[…] Ca'n Comas sei das Landgut seiner Frau Juana; eines von mehreren. Und es sei auch nicht das einzige, das an deutsche Feriengäste vermietet werde. […]

Verkaufen wollte man nicht, bewohnen und bewirtschaften ließ sich nur jeweils ein Haus. Also renovierte man die Bauernhäuser von Grund auf, versah sie mit Elektrizität und sanitären Anlagen und versuchte, sie zu vermieten. Britische und deutsche Reiseveranstalter boten sich an, machten ganzjährige Verträge mit den Finca-Besitzern, flogen ihre Kunden nach Palma ein, sorgten für den Bustransfer nach Norden und setzten Reiseleiter für den Service vor Ort ein. […]

Und alle sind zufrieden: Der Finca-Besitzer behält sein Hab und Gut, ohne dass es verfällt, der Reiseveranstalter hat sein Geschäft im hochgelobten sanften Tourismus, der Gast ist mittendrin im „anderen“ Mallorca, und auch der Tourismus-Minister kann zufrieden sein mit diesem Handel, garantiert er doch den Erhalt alter Bausubstanz, weitläufiger Grünzonen wie Mandel-, Orangen- oder Olivenbaum-Plantagen – und verhindert er doch außerdem einen weiteren Ausverkauf an mallorquinischem Grund und Boden.

Wie Juana und Juan denken und handeln viele Grundbesitzer rund um das wohlhabende Städtchen Pollença, hoch oben im Norden Mallorcas. So kommt es, dass die Huerta, die Gartenlandschaft zwischen Pollença, Port de Pollença und Cala san Vincente, ihr ursprüngliches Gesicht erhalten hat, ja sogar noch ein face-lifting durch die Sanierung und Renovierung alter Häuser und Gärten. […]

Für Aktive bieten sich […] die Monate März bis Juni und September/Oktober an: Da beschert die Natur eine farbenfrohe Vegetation, und es kommt Lust auf am Wandern per pedes, per Fahrrad oder Auto oder zum Tennis- und Golf-Spiel. Pollença hat einen sehr schönen, hügeligen 9-Loch-Golfplatz inmitten von Mandel- und Olivenbäumen und mit Weitblick auf die Bucht von Alancúdia. […]

Früher waren viele Fincas einmal richtige Bauernhöfe: […] Juanas Ca'n Comas bewirtschaftete eine Pächterfamilie noch bis 1980. Die Pächter hielten Schweine und Schafe, Kühe und Kälber, Hühner und Enten, bauten Weizen und Mais an, Gemüse und Zitrusfrüchte, die sie auf dem Markt von Pollença verkauften.

Des Urlaubers Fantasie findet in den Fincas reichlich Nahrung für den Blick zurück: In Ca'n Comas steht noch heute das große, hölzerne Wasserrad, das bis vor zehn Jahren noch vom Maultier mit verbundenen Augen gedreht wurde und die Finca mit Wasser versorgte. […] Ein Landleben in der Idylle also, aber ohne seine Mühen und mit dem Komfort unseres Jahrhunderts – so etwa lassen sich Finca-Ferien auf Mallorca beschreiben.

aus: Gorsemann 1996, S. 42, nach ADAC-Special Nr. 1, Mallorca. ADAC-Verlag, München o.J., S. 102/105

Aktiv-Lösung 15

Anforderungsbereiche

Aufgabe	Anforderungsbereich	Bewertungseinheiten
1	I	20 / 100
2	II, geringer Anteil I	25 / 100
3	II und III	35 / 100
4	III	20 / 100

Diese Aufgabe ist eine vollständige Abituraufgabe für einen Leistungskurs. Die Bearbeitungszeit liegt bei 240 Minuten bei einer zusätzlichen Vorbereitungszeit von 30 Minuten.

Checkliste zur Selbsteinschätzung

Worüber Sie vor dieser Prüfung Bescheid wissen sollten	Alles klar	Noch einmal nachlesen
naturräumliche Elemente des Mittelmeerraumes (Klima, Vegetation, Böden, ...)		
Landnutzung im Mittelmeerraum		
Merkmale des Massentourismus, Entwicklung des europäischen Tourismus		
alternative Formen des Tourismus		
Bedeutung des Tourismus als Wirtschaftszweig peripherer Räume		
Begriff der Nachhaltigkeit		
mit dem Tourismus einhergehende Chancen und Risiken für sich durch Tourismus entwickelnde Regionen/Länder		

Hintergründe auch im Pocket Teacher ABI Erdkunde, Kapitel Tourismus in Europa, Tourismus und Nachhaltigkeit

Erwartungshorizont

- die naturgeographischen Vorraussetzungen von Mallorca erarbeiten: Lage, Klima, Vegetation und Landnutzung, vorhandene Rohstoffe, Relief, etc.
- Aussagen über die Entstehung der angesprochenen naturgeographischen Vorraussetzungen machen
- die wirtschaftliche Bedeutung des Tourismus aus den vorliegenden Materialien erarbeiten
- die Vor- und Nachteile des Tourismus für Mallorca und die Balearen diskutieren, dabei kritische Betrachtung der Auswirkungen des Tourismus auf die lokale Wirtschafts- und Bevölkerungsstruktur einfügen
- die sich aufbauende Monostruktur mit Ausrichtung auf den Tourismus (Ausbau touristischer Infrastruktur) erkennen
- die ökologischen Faktoren zu den durch den Tourismus entstehenden Belastungen in Beziehung setzen
- Mallorca mit einer anderen touristischen Region innerhalb Europas vergleichen; dabei gemeinsame Strukturen und Unterschiede identifizieren
- Thailand oder ein anderes außereuropäisches Land als Raumbeispiel auswählen; dabei Chancen und Risiken des Tourismus als Entwicklungsfaktor einer peripheren Region erkennen und zu einer Bewertung des Tourismus als Entwicklungsfaktor kommen
- die in Aufgabe 2 beschriebenen Risiken und Vorzüge und die durch den Vergleich in Aufgabe 3 gemachten Aussagen über das Potenzial des Tourismus als Entwicklungsfaktor integrieren
- Handlungsoptionen aufzeigen, durch die den einzelnen Risiken und Gefahren des Tourismus entgegnet werden und bereits vorhandene Fehlentwicklungen korrigiert werden können

Lösungsschritte

Um die vorliegende Prüfung zu lösen, sind folgende Arbeitsschritte sinnvoll	Alles klar
die Informationen der im Atlas vorhandenen Karten zur naturräumlichen Situation Mallorcas und des Mittelmeerraumes zusammentragen	
anhand der Materialien 2 – 7 die Bedeutung des Tourismus für die wirtschaftliche Entwicklung Mallorcas herausarbeiten	
negative Aspekte des Massentourismus sammeln und diese anhand von Karten und Statistiken auf die Insel Mallorca beziehen	
anhand der Vor- und Nachteile des Tourismus eine abschließende Bewertung der Bedeutung des Tourismus für die Insel Mallorca erstellen	
mittels des Atlanten oder eigener Kenntnisse eine weitere touristisch bedeutsame Region Europas aussuchen und deren Struktur mit Mallorca vergleichen	
die Struktur Thailands oder eines anderen touristisch bedeutsamen Landes außerhalb Europas darstellen und diese mit der von Mallorca vergleichen	
Chancen und Risiken des Tourismus als möglichem Entwicklungsmotor peripherer Regionen darstellen und ein Fazit ziehen	
den Defiziten und negativen Entwicklungen des touristischen Ausbaus der Insel Mallorca konkrete Handlungsoptionen gegenüberstellen und diese auf ihre Machbarkeit und möglichen Erfolg untersuchen	

Aktiv-Seite

Stellen Sie in einer Tabelle Pro- und Kontra-Argumente zum Tourismus gegenüber.

Wiederholen Sie die Entwicklung des globalen Tourismus und betrachten Sie diese an einem touristisch geprägten Land Ihrer Wahl.

Stellen Sie in einer Tabelle Chancen und Risiken der touristischen Entwicklung eines Landes gegenüber und ziehen Sie ein Fazit.

Stichpunktlösung zum Vergleichen

Zu Aufgabe 1

- Relief:
  - im Westen und Osten von zwei Gebirgszügen beherrscht
  - zwischen den beiden Höhenzügen eine hügelige Tieflandschaft, die im Süden und Norden einen ebenenhaften Charakter erhält
  - insgesamt hohe Reliefenergie auf der Insel, nur in den Schwemmlandebenen im Nordosten und Südwesten und zum Teil Zentralmallorca geringer
- Klima:
  - ein vorwiegend von Westwinden der gemäßigten Klimazone dominiertes subtropisches Winterregenklima; typisches Mittelmeerklima
  - Winterregen bei sommerlicher Trockenzeit (siehe Klimadiagramm Material 1); milde Winter, heiße und trockene Sommer geprägt durch Niederschlagsarmut und Einfluss tropisch-/subtropischer Luftmassen
  - höchste Niederschläge: durch Steigungsregen an der Westflanke der als Serra de Tramuntana bezeichneten Gebirgskette; das zentrale Tiefland im Lee dieses Höhenzugs und daher vor allem im Süden niederschlagsärmer
- Vegetation und Landnutzung:
  - für den Mittelmeerraum typische Hartlaubvegetation der Macchie in den arideren Tiefländern und der Ostabdachung der Serra de Tramuntana sowie an den Hängen des östlichen Gebirgszuges zu finden
  - im Westen überwiegen reliefbedingt Nadelwälder
  - in den Ebenen des zentralen Tieflandes und den Schwemmlandebenen hohe landwirtschaftliche Nutzung anzunehmen; in Karten Weinbau als eine Möglichkeit der landwirtschaftlichen Nutzung zu erkennen
  - Anbau von Früchten im Trocken- und Bewässerungsfeldbau aufgrund der klimatischen Bedingungen zu vermuten

Zu Aufgabe 2

- PKE (Pro-Kopf-Einkommen) Mallorcas bzw. der Balearen 101 % des EU-Durchschnitts; innerhalb Spaniens nur mit nur stark industrialisierten Regionen wie Katalonien, Navarra und Madrid zu vergleichen
- hohes PKE durch den Tourismus als primäre Einnahmequelle begründet; erkennbar an Veränderungen der Beschäftigtenzahlen der einzelnen Wirtschaftssektoren und der steigenden Einnahmen aus dem Tourismus (zwar nur für Gesamtspanien angegeben, aber anhand der Entwicklung der Bettenzahlen auf Mallorca auch auf Mallorca übertragbar)

- positive Aspekte des Tourismus:
  - steigende Einnahme von Devisen
  - als Folge davon vor allem in den Küstenregionen Wohlstand
  - für den Ausbau des Tourismus und zur Erschließung neuer touristischer Regionen Errichtung weiterer Verkehrsverbindungen, Ausbau von Flughafen und Hafenkapazitäten
  - Folge der Verbesserung der Infrastruktur: Erschließung nicht nur der küstennahen Bereiche, sondern auch Verbindung der einzelnen Küstenstandorte durch Inlandsverbindungen; Verbesserung des Zugangs vom Inselinneren zu Küsten- und damit Marktstandorten und Arbeitsplätzen in der Tourismusindustrie
- Verteilung der Tourismusstandorte: deutliche Konzentration an den Küsten vor allem im Süden (Bucht von Palma de Mallorca) und Nordosten (Bucht von Alcudia) (u.a. naturräumlich bedingt)
- Folge der Litoralisierung (d. h. Verlagerung zur Küste hin) von Standorten der Tourismusindustrie:
  - an der Küste starke Konzentrationseffekte
  - durch Ausbau von Bettenkapazitäten vor allem Anfang der 1980er Jahre architektonisch fragwürdige Bauvorhaben, nachhaltig negative ästhetische Beeinflussung der Küstenlandschaft
  - in vielen Bereichen Überschreitung der naturräumlichen Tragfähigkeit und der Kapazität der vorhandenen Ver- und Entsorgungseinrichtungen (z. B. Abfall- und Abwasserentsorgung, Wasserverfügbarkeit im Sommer) durch die Touristen
  - Zerstörung wichtiger Kultur- und Naturlandschaften sowohl maritimer als auch terrestrischer Natur
- seit 1990 vereinzelt Entwicklung von Standorten im Inselinneren, mit Betonung der landschaftlichen Schönheit Mallorcas im Tourismuskonzept
- deutliches Gefälle zwischen Küste und Inland
- mögliche Folge: Bedeutungs- und Bevölkerungsverlust innerinsularer Orte
- gleichzeitig Bedeutungsverlust der Landwirtschaft (Material 4)
- Verlust der traditionellen Landnutzung einhergehend mit einem Verlust der kulturellen Vielfalt und Identifikation durch Aufgabe der Landwirtschaft
- ähnlicher Bedeutungsverlust auch im sekundären Sektor zu beobachten
- monostrukturell ausgerichtete Wirtschaftsstruktur durch den Tourismus
- Wirtschaft der Insel somit nahezu von einem Wirtschaftszweig abhängig; eventuelle Schwankungen der Nachfrage nur noch schwer oder gar nicht durch Betonung anderer Wirtschaftsbereiche zu kompensieren

- weiterer bedeutender Aspekt für Kultur der Insel: der stark ausgeprägte „Party-Charakter" der touristischen Ausrichtung als Hauptmotivation für die meist aus Deutschland und England kommenden Touristen, nicht die Kultur und landschaftliche Schönheit der Insel
- Folge: Überfremdung durch fehlende Betonung der mallorquinischen Kultur
- Begriff der „Balearisierung" als Typisierung der negativen Aspekte des Massentourismus
- Überfremdung der Insel auch durch die dauerhaft auf Mallorca verbleibenden Menschen (Festlandsspanier und Ausländer, s. Material 5)

Zu Aufgabe 3

Mithilfe des Atlanten kann ein weiterer touristisch geprägter Raum identifiziert und mit den Strukturen Mallorcas verglichen werden. Als Beispiel wurde hier gewählt: Ski- und Wandern in den Alpen. Vergleicht man beide touristisch geprägten Räume miteinander so fallen folgende Unterschiede/Gemeinsamkeiten auf, die thematisiert werden können:

- Balearen: reiner Erholungstourismus, der sehr stark auf den Strand und das Meer als Standort fokussiert ist
- Schwerpunkt in den Alpen: Wellness-Tourismus, bei dem durch sportliche Aktivität (Ski, Wandern, Klettern, etc.) Wohlbefinden erzeugt wird
- innerhalb der Alpen die einzelnen Erholungsgebiete jedoch zu differenzieren: je nach Lage und infrastruktureller Erschließung überwiegend Individualtourismus (z. B. Seitentäler des Wallis) oder „Party-Tourismus" ähnlich wie auf den Balearen
- Konzentrationseffekte mit Nachteilen für den Naturraum durch Skitourismus in den Wintersportgebieten: Skipisten durch Gebirgswälder; Folge: Erosionsschäden; negative Auswirkungen auf hochalpine Flora und Fauna
- in vielen Skigebieten Einsatz von Schneekanonen notwendig aufgrund des in den europäischen Alpen immer stärker ausgeweiteten Skitourismus mit einhergehenden Rückgängen des Schneefalls im Herbst und Winter (aus Wasser Erzeugung von feinem und stark kompaktiertem Schnee, der mitunter bis in den Frühsommer auf den Pisten liegen bleibt)
- Folgen: Verschiebung der Vegetationszeiten der einzelnen Pflanzen, Veränderung des Abflussregimes von Flüssen und Bächen; im Sommer Entnahme von Wasser aus den Flüssen und Einlagerung in Bassins, ggf. weitere Entnahme im Winter; Bestimmungen zur Regulation der Wassernutzung erst in den letzten Jahren auf den Weg gebracht; nur schwer zu überwachen

- Gegensatz Balearen – Alpen:
  - Balearen stark saisonale Anbieter von Tourismusleistungen
  - in den Alpen im Sommer, Herbst und Frühling Angebot differenzierter touristischer Aktivitäten möglich
  - alpine Tourismuszentren durch Diversifizierung des Angebots weniger anfällig für Schwankungen in der Nachfrage der angebotenen Dienstleistungen als die stark monostrukturierten Gebiete der Balearen
- Gemeinsamkeiten:
  - Überfremdung einhergehend mit einem Verlust der eigenen Kultur

Vergleich mit dem hier vorgegebenen Thailand als touristischem Ziel:

- Thailand im Vergleich zu den Balearen mit weitaus vielfältigerem Angebot:
  - Erholungstourismus (Strand), Naturtourismus (Verweis auf die Nationalparks der thailändischen Halbinsel) oder auch Kulturtourismus (fremdländische asiatische Kultur)
  - die meisten Bereiche Thailands durch die Verbesserung der Verkehrsinfrastruktur (Flughäfen entlang der Küste und auf den Hauptinseln) sehr gut über den internationalen Flughafen von Bangkok zu erreichen
  - Thailand daher ins Interesse der Pauschaltouristen gerückt, die sich Thailand mittels preiswerter Charterflüge erschließen können
- in beiden Regionen Deutsche und Briten unter den am meisten vertretenen Herkunftsnationen
- in Thailand auffallend hoher Anteil eines regionalen Tourismus, der sich vorwiegend aus den aufstrebenden „Tigerstaaten“ Asiens rekrutiert
- innerhalb Thailands Betonung von drei touristischen Hauptregionen: Chiang Mai (Natur- und Erholungstourismus), Bangkok (Kulturtourismus), die thailändische Halbinsel im Süden (Erholungstourismus)
- außerhalb dieser Regionen: vereinzelte touristische Zentren, jedoch eher von untergeordneter Bedeutung; hier Verstärkung regionaler Disparitäten
- wachsendes Gefälle zwischen der touristischen Peripherie und den Tourismuszentren; mögliche Folge verstärkte Abwanderung in die touristisch erschlossenen Gebiete mit Arbeitsplätzen
- Pioniertouristen mit Berichtsfunktion für touristisch nicht oder nur wenig erschlossene, periphere Regionen; Berichte über Attraktionen, daher erhöhte Aufmerksamkeit in der Öffentlichkeit auch auf entlegenere Regionen, die so ebenfalls am Tourismus partizipieren können

bedeutende Rolle des Tourismus im Hinblick auf die Entwicklung peripherer Räume; wichtige Aspekte oder Folgen:

- positive Aspekte:
  - Ausbau einer Verkehrsinfrastruktur
  - Deviseneinnahmen, die als Teil des Bruttosozialprodukts peripherer Regionen/Länder Entwicklungen beschleunigen können
  - Schaffung von Arbeitsplätzen auch für weniger qualifizierte Menschen, daher geringere Arbeitslosigkeit und bescheidener Wohlstand für diese Personengruppe (neben den offiziellen Arbeitsplätzen häufig auch im informellen Sektor)
- negative Auswirkungen des Tourismus:
  - kulturelle Überfremdung
  - Aufbau regionaler Disparitäten
  - Umweltbelastungen in den Konzentrationsräumen des Tourismus
  - geringe Partizipation nationaler Unternehmen an den Erträgen
  - Abhängigkeit von der Entwicklung des Tourismus durch eine monostrukturierte Ausrichtung
- Verminderung der Auswirkung der negativen Faktoren einer auf Tourismus ausgerichteten Entwicklung peripherer Regionen möglich; wichtig dabei:
  - Aufbau eines zweiten wirtschaftlichen Standbeins aus den im Tourismus erwirtschafteten Devisen: Investition in alternative Felder
  - Aufbau eines alternativen Tourismus, der die Identität, Natur und Kultur des Landes bewahrt und in den Mittelpunkt stellt („sanfter Tourismus“)

Zu Aufgabe 4

Ziel der touristischen Entwicklung Mallorcas muss eine Minderung der negativen Aspekte des Tourismus sein. Mögliche Maßnahmen:
- Erschließung alternativer Erwerbsquellen in den Regionen Mallorcas, die weniger vom Tourismus profitieren, also im Inselinneren
- hier Nutzung des agraren Potenzials der Insel gut denkbar, in Form von Agritourismus („Leben auf dem Bauernhof“) oder durch den großflächigen Anbau von cash-crops (marktorientiert)
- gleichmäßiger Ausbau der Infrastruktur auch in entlegenen Regionen
- Infrastrukturausbau aus Einnahmen des Tourismus finanzieren; Ziel: Verhinderung von Binnenwanderung
- Abbau von Belastungen in den Regionen mit hoher Tourismus-Konzentration, eventuell in Form einer stärkeren Planung der Ressourcennutzung und weiterer Bautätigkeiten zur Verhinderung einer Ressourcenübernutzung und Zersiedelung

ORIGINAL-AUFGABE 17

Fachgebiet	Ausgewählte globale Problemfelder
Kapitel	Süßwasser als begrenzte Ressource
Thema	Süßwasserressourcen
Weitere Themenbereiche	Staudammgroßprojekte
Niveau/Jahr	Leistungskurs/2006

Aufgabenstellung

Seit Ende des 20. Jahrhunderts rückt die Verknappung der Süßwasserressourcen immer stärker in den Mittelpunkt der globalen Problemfelder. Die dabei entstehenden Konflikte konzentrieren sich u.a. auf große Staudammprojekte.

1. Stellen Sie die zentralen Aussagen von Abbildung 1 und 2 dar.
2. Begründen Sie ausgehend von Abbildung 3 die Notwendigkeit des Sardar-Sarowar-Staudammprojekts für den Nordwesten Indiens.
3. Erörtern Sie die soziale und ökonomische Problematik von Staudammgroßprojekten in Entwicklungsländern.

Material

Abb. 1: Weltbevölkerung und Weltwasserverbrauch 1950 – 2000

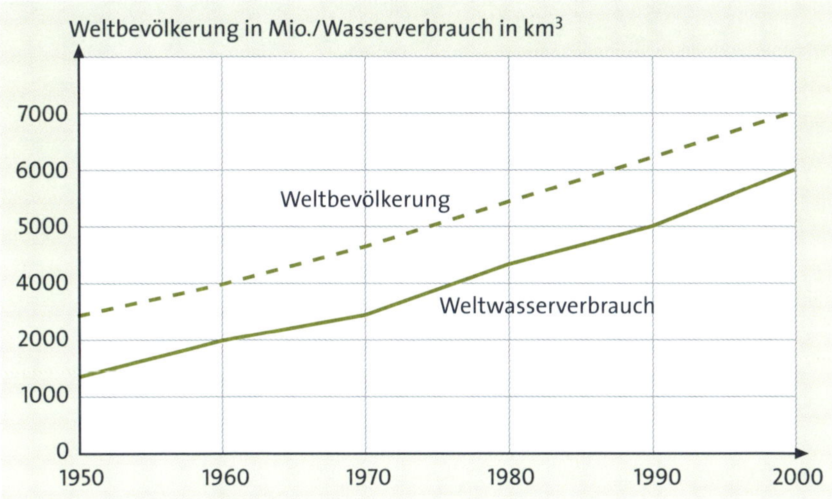

Abb. 2: Jährlich verfügbare Wassermenge pro Kopf in m³ (ab 2005 Prognose)

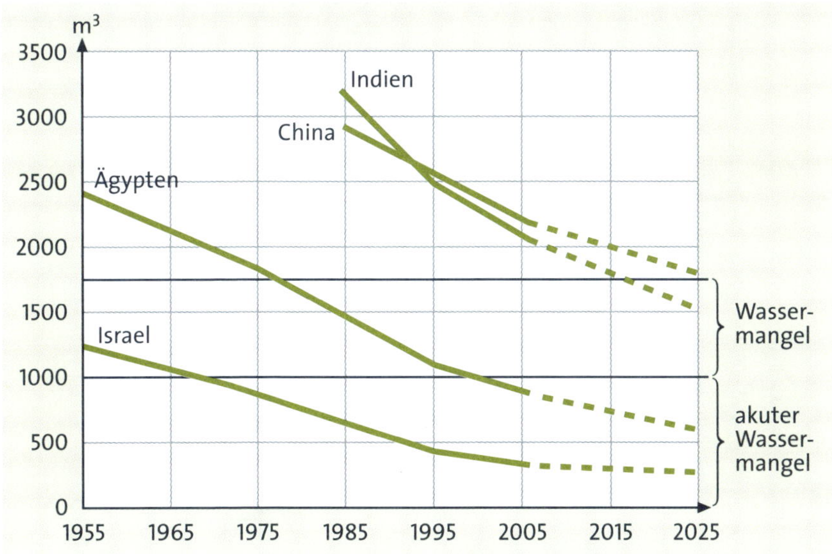

Abb. 3: Das Sardar-Sarowar-Staudammprojekt

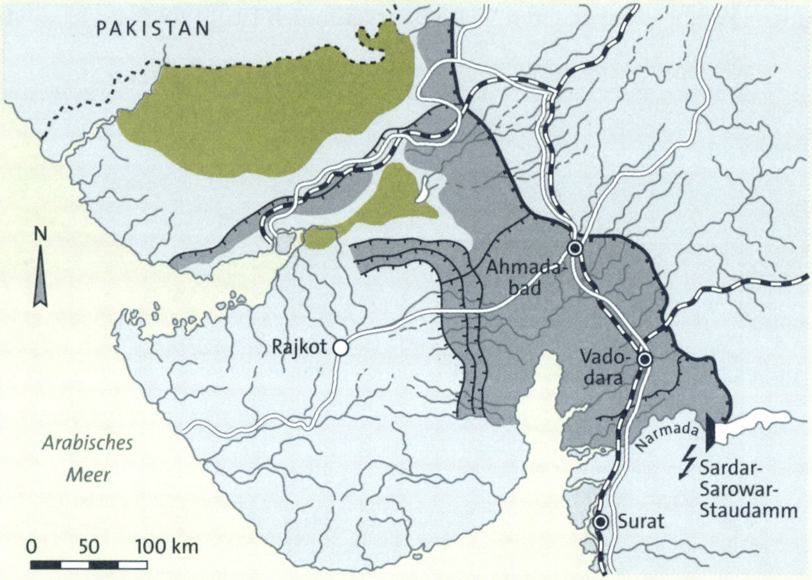

fertig gestellter Kanal
geplanter Kanal
perennierender Fluss
temporärer Fluss
geplante Bewässerungsgebiete
Salzsumpf
extensive Landwirtschaft
Sardar-Sarowar-Staudamm im Bau
Stausee: geplante Länge 214 km
geplante Breite 16 km

Elektrizitätswerk im Bau
projekierte Leistung 40 bis 90 MW
Stadt (über 1 Mio. Einwohner)
Stadt (über 1 Mio. Einwohner
mit Verdoppelung der
Einwohnerzahl seit 1960
innerhalb von 10 bis 20 Jahren
Staatsgrenze
wichtige Eisenbahnlinien
wichtige Straße

AKTIV-LÖSUNG 17

Anforderungsbereiche

Aufgabe	Anforderungsbereich	Bewertungseinheiten
1	I/II	6 von 20 VP / 30 %
2	II	5 von 20 VP / 25 %
3	III	9 von 20 VP / 45 %

Diese Aufgaben sind ein Teil einer Prüfung für einen Leistungskurs. Die Bearbeitungszeit für die gesamte Prüfung beträgt 270 Minuten. Für diesen Teil beträgt die Bearbeitungszeit ca. 60 Minuten.

Checkliste zur Selbsteinschätzung

Worüber Sie vor dieser Prüfung Bescheid wissen sollten	Alles klar	Noch einmal nachlesen
Zweck eines Staudamms		
klimatische Verhältnisse in Indien		
Auswirkungen eines Staudammprojektes auf Wirtschaft und Bevölkerung		
Auswertung von Statistiken und Karten (vgl. Kapitel „Methodenkompetenz“)		

Hilfe finden Sie im POCKET TEACHER ABI ERDKUNDE, Kapitel Knappheit in einer globalen Welt: Problemkreis Wasser

Erwartungshorizont

- Informationen aus zwei Kurvendiagrammen gewinnen
- aus einer Karte Gründe für den Bau eines bestimmten Staudamms in Indien zusammenfassen
- weitere Gründe nennen oder sich diese aus dem Atlas erschließen
- positive und negative Folgen eines Staudamms in einem Entwicklungsland gegenüberstellen, bewerten und ein persönliches Fazit ziehen

Lösungsschritte

Um die vorliegende Prüfung zu lösen, sind folgende Arbeitsschritte sinnvoll	Alles klar
Aufgabenstellung lesen und erfassen	
Information aus den Diagrammen stichwortartig notieren; dabei auf die richtigen Einheiten achten	
Entwicklung der Bevölkerung und des Wasserverbrauchs vergleichen	
zentrale Aspekte unterstreichen	
Gründe für die Notwendigkeit des Sardar-Sarowar Staudamms aus der Karte stichwortartig notieren	
dabei vor allem Informationen in der Legende beachten	
Informationen zu Klimaverhältnissen in der Region stichwortartig ergänzen (Atlas oder eigenes Wissen)	
Zusammenhänge herstellen, Antwort formulieren	
Tabelle mit Pro- und Kontra-Argumenten zu sozialen Aspekten und zu ökonomischen Aspekten anfertigen	
Zusammenhänge herstellen	
persönliche Bewertung der Argumente vornehmen/Fazit formulieren	

Aktiv-Seite

Stellen Sie die zentralen Aussagen der Abbildung 1 dar. Vergleichen Sie dabei auch die Entwicklung der Weltbevölkerung und des Wasserverbrauchs.

Stellen Sie Pro- und Kontra-Argumente zu Staudammgroßprojekten in Entwicklungsländern in Tabellenform gegenüber. Beschränken Sie sich dabei auf ökonomische Aspekte.

Pro	Kontra

Stichpunktlösung zum Vergleichen

Zu Aufgabe 1

Abb.1:

- von 1950 bis 2000 Anstieg des Weltwasserverbrauchs von 1500 km^3 auf 5000 km^3 ☐
- im gleichen Zeitraum Anstieg der Weltbevölkerung von 2,5 Mrd. Menschen auf 6 Mrd. Menschen ☐

daraus folgt:

- Anstieg des Wasserbrauchs überproportional gegenüber dem Bevölkerungswachstum ☐
- Verbrauch pro Kopf steigt ☐

Abb. 2:

- starke Abnahme der Wassermenge pro Kopf in den Staaten Indien, China, Ägypten und Israel ☐
- akuter Wassermangel in Israel seit 1965 und in Ägypten seit 2000 mit unter 1000 m^3 pro Kopf und Jahr ☐
- in der Zukunft drohender Wassermangel in den Staaten Indien und China mit unter 1700 m^3 Wasser pro Kopf und Jahr ☐

Zu Aufgabe 2

Bevölkerungswachstum in den Großstädten erfordert:

- Stromerzeugung ☐
- Schutz vor Überflutungen durch Speicherung von Wasser im Stausee in humiden Monaten (monsunale Niederschläge) ☐
- gesicherte Trinkwasserversorgung und Möglichkeit zur Bewässerung der Felder durch Abgabe von Wasser aus dem Stausee in ariden Monaten ☐

Zu Aufgabe 3

Pro	Kontra
soziale Aspekte	
Chance auf Verbesserung der Lebensverhältnisse	Zwangsumsiedlung von Menschen
Befreiung aus traditionellen Strukturen	Verlust von Kulturgütern
ökonomische Aspekte	
Gewinne durch Stromerzeugung	Abhängigkeit von ausländischen Geldgebern
wirtschaftliche Weiterentwicklung nach Wachstumspoltheorie	hohe Kosten
verbesserte landwirtschaftliche Produktion und Schutz vor Hochwasser durch Nivellierung der Abflussmenge	Verlust von Kulturland durch Stausee
Möglichkeit der Fischzucht im Stausee und eventuell touristische Inwertsetzung	Schädigung der Fischereiwirtschaft am Unterlauf

Original-Aufgabe 18

Fachgebiet	Ausgewählte globale Problemfelder
Kapitel	Klimawandel
Thema	Auswirkung des Klimawandels auf den Golfstrom
Weitere Themenbereiche	Aquafarming Fischereiwirtschaft
Niveau/Jahr	Leistungskurs/2008

Aufgabenstellung

In Norwegen prägt der Golfstrom sowohl den Naturraum als auch die Wirtschaft in vielfacher Weise. Seitdem die traditionelle Fischereiwirtschaft wegen Überfischung der Meere zunehmend mit stagnierenden Fangquoten zu kämpfen hat, eröffnet das marine Aquafarming neue Perspektiven.

1. Der Golfstrom ist ein Teil der Strömungszirkulation im Atlantik.
   Erklären Sie die für den Antrieb des Golfstroms relevanten ozeanischen Prozesse im Nordatlantik (M1).
2. In der Debatte um den Klimawandel werden auch Auswirkungen für den Fall des Aussetzens von Meeresströmungen diskutiert.
   Stellen Sie vier mögliche Folgen für die Wirtschaft Norwegens bei einem Versiegen des Golfstroms dar.
3. Erörtern Sie, ausgehend von M2–M4, Chancen und Risiken des marinen Aquafarmings.

Material

M1 Der Golfstrom im Nordatlantik (vereinfacht)

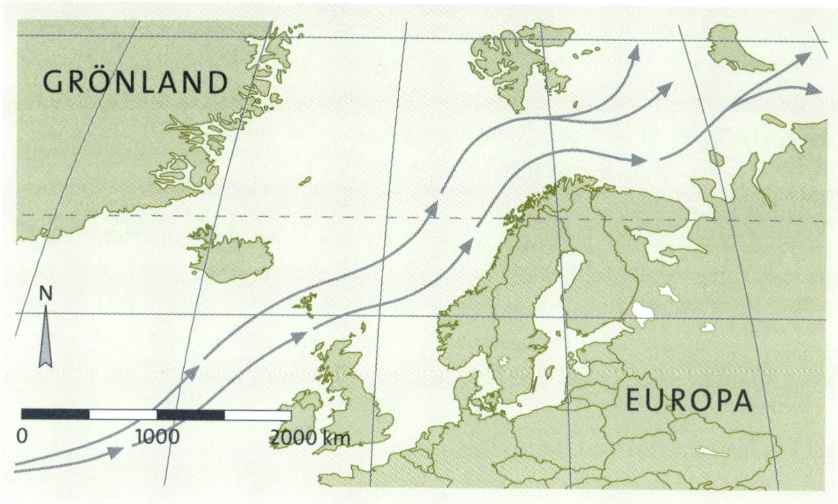

M2 Marines Aquafarming in Norwegen

Erzeugnisse aus dem marinen Aquafarming, wie z. B. der Lachs, sind mittlerweile zu Delikatessen für breite Bevölkerungsschichten geworden. Meist wird im Supermarktregal jedoch nicht Wildlachs angeboten, sondern in speziellen Käfigen gezüchteter und gemästeter Farmlachs. Norwegen ist bei der Erzeugung von Farmlachs führend in der Welt, weit über 1000 Fischfarmen sind dort in Betrieb. Sie ermöglichen den Bewohnern von strukturschwachen Küstenregionen ein gesichertes Einkommen und schaffen Arbeitsplätze.

Zuchtfarmen übernehmen die Aufzucht der Jungfische, die dann an die Mastfarmen verkauft werden, wo sie zwei Jahre lang bis zur Schlachtreife mit Fischmehl, Fischöl, Soja, Mais und Vitaminen gemästet werden.

Aber das marine Aquafarming bringt auch Probleme mit sich. Die Technik und der Unterhalt der Farmen bedürfen hoher Investitionen und die Preise geraten durch das steigende Angebot immer mehr unter Druck.

Außerdem haben die Fischfarmer mit denselben Problemen der Massentierhaltung zu kämpfen wie ihre Kollegen auf dem Lande. Bei den hohen Besatzdichten besteht die Gefahr von Seuchen. Damit sich keine Infektionen mit Pilzen, und Parasiten ausbreiten, die auch auf den natürlichen Fischbestand übergreifen könnten, werden die Zuchtfische mit Antibiotika und anderen Medikamenten präventiv behandelt. Heute wird in Norwegen gegen viele Infektionskrankheiten eine Impfung der Jungfische durchgeführt.

Eine weitere Belastung besteht darin, dass die Futtermittel (Fischmehl und -öl) aus natürlichen Fischbeständen gewonnen werden. Zudem lässt sich eine geringere Qualität der gezüchteten Tiere im Vergleich zu den Fängen aus dem Meer feststellen.

Eine neue potenzielle Gefahr wird im Einsatz von gentechnisch veränderten Zuchttieren gesehen, die aus ihren Käfigen ausbrechen und so die Wildpopulation gefährden könnten.

In den letzten Jahren konnten große Fortschritte bei der Fütterungstechnik (Reduzierung von Futtermenge und Medikamenten) erzielt werden. Ökologisch einwandfreie Ware aus Aquakulturen findet sich daher zunehmend in Naturkostläden. Die Entscheidung liegt letztendlich beim Kunden: Welche Kosten ist er bereit zu tragen und welche Produktionsmethode unterstützt er damit?

M3 Fischereiproduktion weltweit seit 1950

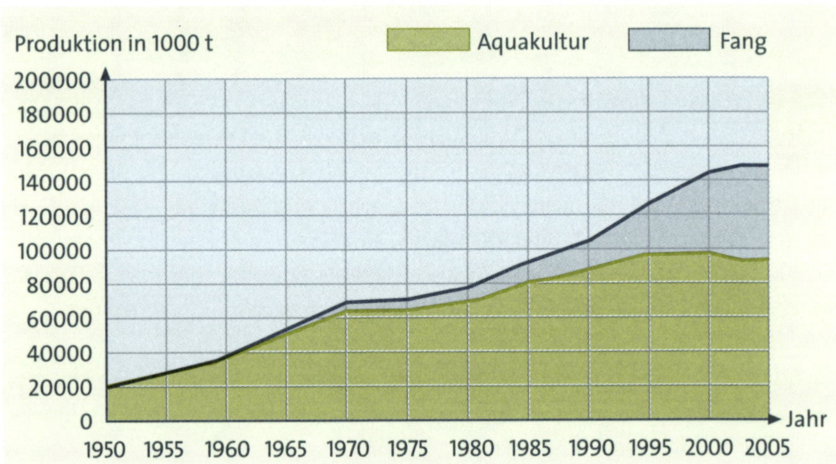

M4 Fischbestände weltweit

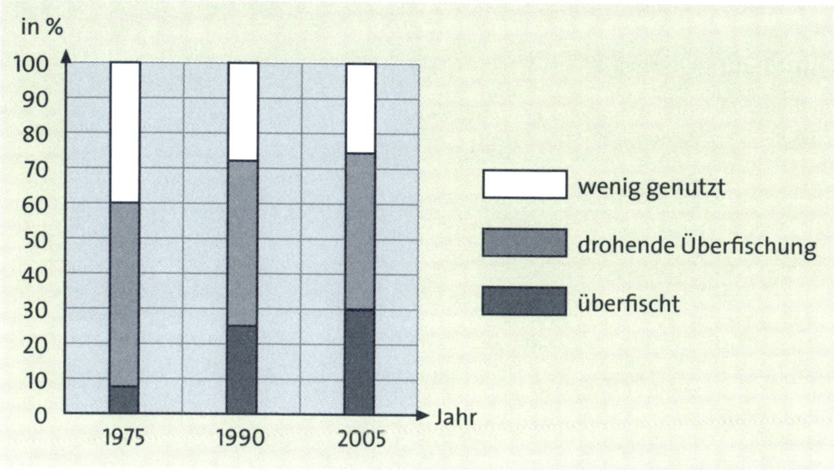

AKTIV-LÖSUNG 18

Anforderungsbereiche

Aufgabe	Anforderungsbereich	Bewertungseinheiten
1	I/II	6 von 20 / 30 %
2	II	6 von 20 / 30 %
3	III	8 von 20 / 40 %

Diese Aufgabe ist eine von drei zu bearbeitenden Aufgaben einer Abituraufgabe für einen Leistungskurs. Die Bearbeitungszeit für diese Aufgabe liegt bei ca. 60 – 75 Minuten.

Checkliste zur Selbsteinschätzung

Worüber Sie vor dieser Prüfung Bescheid wissen sollten	Alles klar	Noch einmal nachlesen
Entstehung von Meeresströmungen		
Verlauf des Golfstromes und seine Wirkung auf Nordeuropa		
Folgen des Klimawandels		
Auswertung von Texten und Diagrammen (vgl. Kapitel „Methodenkompetenz“)		

Hintergründe auch im POCKET TEACHER ABI ERDKUNDE, Kapitel Geoökosysteme der Erde: Klimawandel durch anthropogene Einflüsse

Erwartungshorizont

- die Entstehung des Golfstromes aus der Strömungszirkulation des Atlantiks (thermohaline Zirkulation) heraus erklären
- wirtschaftliche Folgen für Norwegen bei einer Klimaveränderung strukturiert darstellen
- aus einem Text und zwei Diagrammen Vor- und Nachteile des marinen Aquafarmings herausarbeiten, mit eigenen Überlegungen verknüpfen und eine eigene Meinung bilden

Lösungsschritte

Um die vorliegende Prüfung zu lösen, sind folgende Arbeitsschritte sinnvoll	Alles klar
für den Golfstrom wichtige Prozesse stichwortartig notieren, diese in eine logische Abfolge bringen	
klimatische Veränderungen durch Aussetzen des Golfstromes bedenken, mehrere Folgen für die Wirtschaft Norwegens stichwortartig notieren, die vier wichtigsten markieren und näher ausführen	
Chancen und Risiken des Aquafarmings in M2 mit unterschiedlichen Farben markieren, diese in einer Tabelle gegenüberstellen	
Tabelle durch Informationen aus den Diagrammen ergänzen, auf die aufsummierten Werte im ersten Diagramm achten, eigene Überlegungen ergänzen, persönliches Fazit ziehen	

Aktiv-Seite

Erörtern Sie, ausgehend von den Materialien, Chancen und Risiken des marinen Aquafarmings.

Stichpunktlösung zum Vergleichen

Zu Aufgabe 1

thermohaline Zirkulation:

- Strömung von warmem, salzreichem Wasser aus dem Süden in den Nordatlantik (Golfstrom)
- Abkühlung und Erhöhung des Salzgehaltes aufgrund von Verdunstung
- Erhöhung der Dichte durch Abkühlung und Erhöhung des Salzgehaltes
- Sogwirkung durch Absinken des spezifisch schwereren Wassers
- Strömung des kalten Tiefenwassers aufgrund des Massendefizites wieder Richtung Süden (thermohaline Zirkulation)

Zu Aufgabe 2

- mögliche Abschwächung der thermohalinen Zirkulation durch Klimawandel
- mögliche Folge dieser Entwicklung: starke langfristige Abkühlung in Norwegen durch Ausbleiben des Golfstroms
- daraus resultierende Folgen: wirtschaftliche Nachteile, z. B.: erhöhte Energiekosten; Verschiebung der Anbaugrenze nach Süden; Verlagerung ergiebiger Fischgründe; Beeinträchtigung des Schiffsverkehrs und des marinen Aquafarmings durch Vereisung

Zu Aufgabe 3

Marines Aquafarming	
Chancen	Risiken
Entlastung der Fischbestände im offenen Meer, da seit 2000 schon 1/3 der Produktion (ca. 60 Millionen Tonnen) durch Aquafarming getätigt wird	Belastung der Fischbestände durch Futtermittel aus natürlichen Beständen, obwohl schon mittlerweile 30 % der Bestände überfischt sind
Schaffung von Arbeitsplätzen auch in strukturschwachen Regionen	hohe Kosten für Technik und Unterhalt der Anlagen
planbares Angebot durch entsprechende Aufzucht bei steigendem Bedarf	Gefahr von Seuchen und weitere Belastung des Ökosystems Meer
Qualitätssteigerung bei Bioproduktion	Gefährdung der natürlichen Bestände bei Entweichen gentechnisch veränderter Zuchttiere

ORIGINAL-AUFGABE 19

Fachgebiet	Ausgewählte globale Problemfelder
Kapitel	Globalisierung der Wirtschaft
Thema	Die Automobilindustrie in China
Weitere Themenbereiche	Standortwahl
Niveau/Jahr	Grundkurs/2007

Aufgabenstellung

Die Automobilindustrie in China

1. Stellen Sie die Entwicklung und räumliche Verteilung der Automobilindustrie in China dar (M 1, M 2, Atlas).
2. Erläutern Sie, warum ausländische Unternehmen der Automobilindustrie verstärkt in China investieren (M 1, M 3, Atlas).
3. Erörtern Sie die Konsequenzen für Shanghai und China, die sich aus dem Vorhaben, Shanghai zu „Chinas Detroit" zu entwickeln, ergeben können (M 4, Atlas).

Material

M1 Produktionskapazitäten der Automobilhersteller und Joint Venture 2001

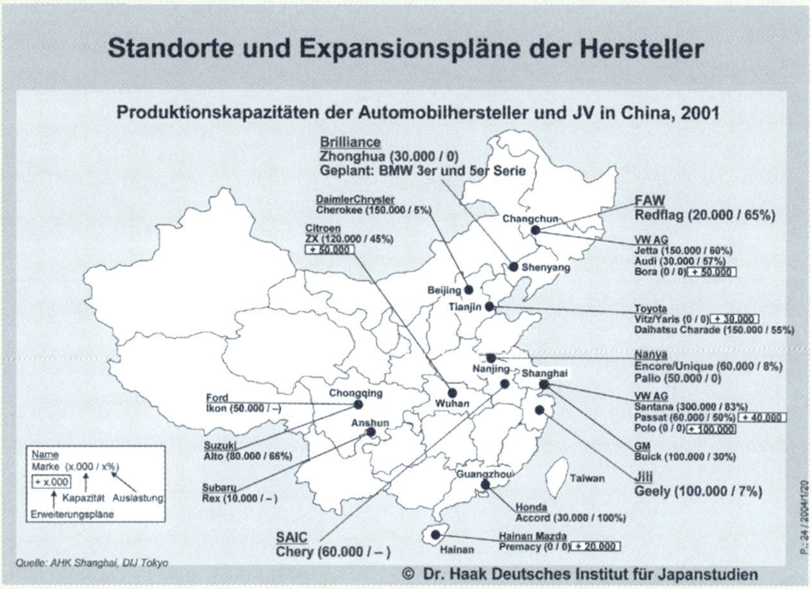

Hinweis:
FAW = First Automotiv Works (staatliches chinesisches Unternehmen)
Jili (Geely) = Erster privater Autohersteller Chinas

Quellen: Allgemeine Informationen zur Marke Brilliance. www.mobile.de/modell-verzeichnis/brilliance.html
BMW Group verstärkt Vertriebsorganisation in China. www.autointell.de/News-deutsch-2004/November-2004/Nov-2004-2/Nov-10-04-p3.htm
Chery liefert Fiat Motoren. www.china-embassy.ch/ger/4/t278543.htm
Depner, Heiner: Globale Produktionsnetze und Entwicklungsländer. Die Automobilindustrie in China. In: Praxis Geographie 2/2003. S. 24.
Haak, René: Die chinesische Automobilindustrie – Deutsche und japanische Strategien in dynamischer Umwelt. Deutsches Institut für Japanstudien. Universität Duisburg Essen 2004. www.uni-duisburg. de/Institute/OAWISS/download/doc/Haak.pdf (Karte inhaltlich verändert)

M2 Entwicklung der Pkw-Produktion seit 1990 (in Mio. Pkw)

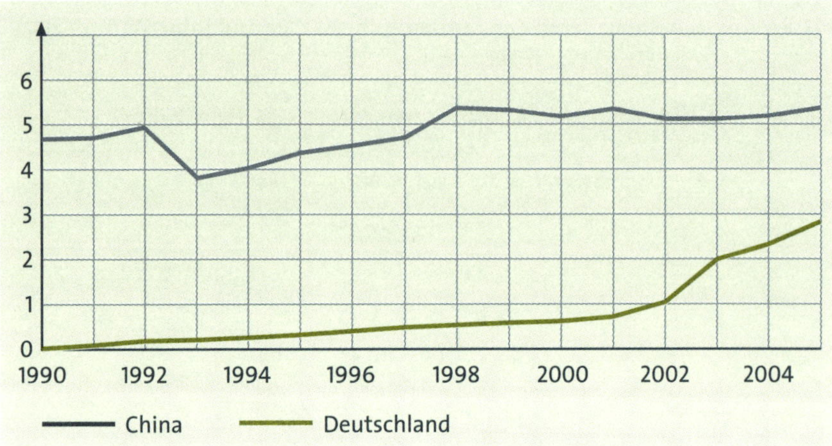

Quellen: nach Bundesagentur für Außenwirtschaft, Automarkt der VR China weist wieder Rekordwachstum auf. www.bfai.de/fdb-SE,MKT20060921104011,Google.html

Gapinska, Justyna u. Norma Schmitt, Entwicklung der Automobilindustrie in der Volksrepublik China. Europa Universität Viadrina. Frankfurt/Oder 2004. S. 10

VDA, Auto Jahresbericht 2005. Frankfurt/M. S. 35.

VDA, Inlandsproduktion deutscher Hersteller von Personenkraftwagen. www.vda.de/de/aktuell / statistik/jahreszahlen/automobilproduktion/index.html

M3 Absatz von Pkw in China nach Abnehmern (in 1000 Pkw)

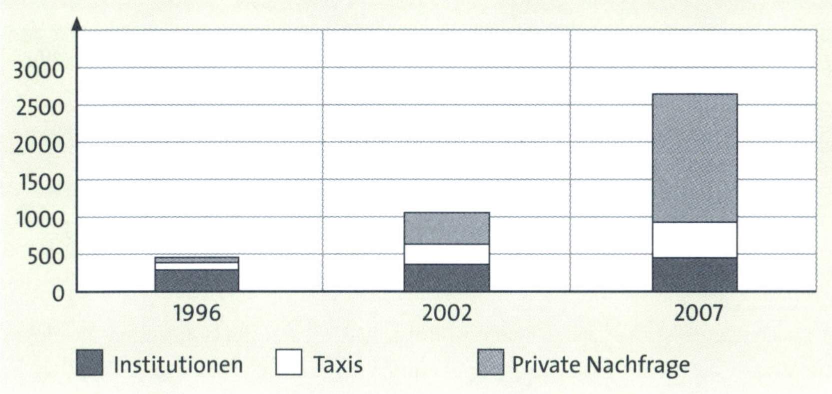

Hinweis: Bei 2007 handelt es sich um eine Prognose.
Quelle: Weidner, Marc: China – Automobilmarkt der Zukunft? Wie nachhaltig und zukunftsorientiert sind die Strategien der internationalen Automobilindustrie in China? Discussion Paper SP III 2004-105. Wissenschaftszentrum Berlin für Sozialforschung (2004). S. 18.

M4 Shanghai baut Chinas Detroit1[1]

Die Stadtverwaltung und die private Industrie wollen Shanghai mit rund 50 Mrd. Yuan (ca. 6,3 Mrd. US-$) zu Chinas Detroit ausbauen. In fünf bis zehn Jahren soll Anting, 35 km nordwestlich von Shanghai gelegen und Sitz von „Shanghai Volkswagen“, eines der führenden Automobilzentren Chinas sein und damit die Automobilindustrie als wirtschaftliche Säule der Stadt festigen.
Auf dem 68 km² großen Areal sollen Zulieferbetriebe, Forschungseinrichtungen und Auslieferungszentren von Autoherstellern angesiedelt sowie Messegebäude, Handels-, Ausbildungs-, Management- und Unterhaltungsbereiche, touristische Anziehungspunkte und ein erstklassiger Formel-Eins-Ring errichtet werden. Die Hälfte der erwarteten Investitionen soll von ausländischen Investoren kommen.

Quelle: Depner, Heiner: Globale Produktionsnetze und Entwicklungsländer. Die Automobilindustrie in China. In: Praxis Geographie 2/2003. S. 25. (inhaltlich verändert)
Pfaff, Lilian: Neue «deutsche» Stadt. www.tec21.ch/pdf/tec21_2920063611.pdf

1 Der Artikel ist gekürzt und inhaltlich ergänzt. Der Originalartikel erschien am 29.09.2001 in: People's Daily Online. http://english.peopledaily.com.cn/
Hinweis: Im Jahr 2000 betrug der Marktanteil in der Region Shanghai 40 % (rd. 245 000 Pkw), im Jahr 2005 sank er auf 27,4 % (rd. 764 000 Pkw) ab.

AKTIV-LÖSUNG 19

Anforderungsbereiche

Aufgabe	Anforderungsbereich	Bewertungseinheiten
1	I und II, geringer Anteil II	30 von 100
2	vorwiegend II	40 von 100
3	II und III	30 von 100

Diese Aufgabe ist eine vollständige Abituraufgabe für einen Grundkurs. Die Bearbeitungszeit liegt bei 220 Minuten bei einer Vorbereitungszeit von 30 Minuten.

Checkliste zur Selbsteinschätzung

Worüber Sie vor dieser Prüfung Bescheid wissen sollten	Alles klar	Noch einmal nachlesen
allgemeine Geographie Chinas (grobe Gliederung des Landes in Regionen)		
Standortfaktoren im Allgemeinen und vor allem der eisenverarbeitenden Industrie		
Wirtschaftsgeographie Chinas, Entwicklung der chinesischen Wirtschaftspolitik		
ausländische Direktinvestitionen und ihre Bedeutung für die wirtschaftliche Entwicklung		
die Standorttheorie von Weber: der Transportkostenminimalpunkt		
wirtschaftliche Entwicklung Chinas in Vergangenheit und Zukunft		
Binnenmigration: Ursachen und Folgen einer Land-Stadt-Migration		

Hintergründe auch im POCKET TEACHER ABI ERDKUNDE, Kapitel Disparitäten und Verflechtungen: Sozioökonomischer Entwicklungsstand und Wachstumspole

Erwartungshorizont

- differenzierte Analyse der Verteilung der Standorte der Automobilproduktion im Hinblick auf eine räumliche und eine zeitliche Komponente
- Erkennen der in der räumlichen Verteilung der Standorte verankerten Disparität zwischen dem „Küsten-China“ und dem chinesischen Inland
- Nennung der Standortfaktoren Rohstofforientierung und logistische Infrastruktur als Ursache für eine Küstenorientierung der Automobilbranche
- Verdeutlichung der Sachverhalte anhand geeigneter Karten des eingeführten Atlas
- Erklärung der Zunahme der Automobilproduktion wie der Gründung neuer Fabrikationsstandorte durch die Öffnung Chinas ab 1989
- Erläuterung der Folgen der Liberalisierung des chinesischen Handels und der Einführung marktwirtschaftlicher Mechanismen für die Automobilproduktion nach 1989
- Nennung steigender, ausländischer Direktinvestitionen (ADI) und deren Auslöser in der chinesischen Wirtschaftspolitik
- Aufzählung einzelner Faktoren, die die hohen ADI bedingen
- Anwendung allgemeiner Standortfaktoren auf das Beispiel der chinesischen Automobilindustrie
- Behandlung der Konsequenzen des Ausbaus Shanghais für Shanghai selbst (Verstädterung, Umweltproblematik etc.) sowie für Gesamt-China (Verstärkung der Ost-West-Disparitäten, Binnenwanderung, etc.)
- differenzierte Analyse des Für und Wider der Expansion, Bewertung des Vorhabens
- kritische Auseinandersetzung mit der Bedeutung des Ausbaus für die wirtschaftliche Entwicklung Chinas
- möglich ist auch ein Vergleich von Shanghai mit der Entwicklung Detroits unter Analyse geeigneter thematischer Karten

Lösungsschritte

Um die vorliegende Prüfung zu lösen, sind folgende Arbeitsschritte sinnvoll	Alles klar
aus M1 ein räumliches und zeitliches Muster der Verteilung und Gründung der Automobilwerke ableiten	
nach geeigneten Karten im Atlas suchen, um das vorliegende Verteilungsmuster zu verdeutlichen/zu begründen	
die Gründungsjahre der einzelnen Werke betrachten und diese mit den vorliegenden Daten aus M2 vergleichen	
Entwicklung der chinesischen Wirtschaftspolitik auf mögliche Faktoren hin untersuchen, die ausländische Direktinvestitionen fördern	
M3 im Hinblick auf die Entwicklung eines Binnenmarktes auswerten und die Zahlen in Bezug zur Entwicklung der Automobilstandorte in M1 setzen	
anhand geeigneter, thematischer Karten allgemeine Standortfaktoren für die Ansiedlung einer Automobilindustrie in den in M1 dargestellten Räumen erarbeiten	
für die Expansion Shanghais Pro- und Kontra-Argumente sammeln und strukturieren	
die gesammelten Argumente zu einer Bewertung des Expansionsvorhabens zusammenfassen	
fakultativ: Shanghai mit Detroit vergleichen und dabei auf Parallelen sowie Unterschiede der beiden Standorte eingehen	

Aktiv-Seite

Unterteilen Sie China mithilfe geeigneter Karten in einzelne Regionen und fertigen zu diesen Regionen jeweils einen geographischen Steckbrief an.

Wiederholen Sie die Standorttheorie von Alfred Weber. Welche Standortfaktoren gelten im Besonderen für die Automobilindustrie? Fassen Sie zusammen.

Stichpunktlösung zum Vergleichen

Zu Aufgabe 1

Verteilung der Automobilindustrie in China:

- Standorte bis auf Chongqing alle küstennah oder zumindest in den Küstenprovinzen Chinas (M1)
- Übereinstimmung dieser Konzentration mit der geographischen Gliederung Chinas
- starke Disparität zwischen peripherem Westen und stärker entwickeltem Osten
- Disparität nicht nur Ausdruck einer historisch gewachsenen Küstenorientierung der Chinesen, sondern auch geographischer Gegebenheiten wie der stärkeren Reliefierung und eines deutlich trockeneren Klimas im Westen sowie der fruchtbaren Böden der Schwemmlandebenen des Huang He bzw. des Jangtsekiang zwischen Peking und Shanghai
- entscheidend für die Ansiedlung der Automobilindustrie:
  - die Nähe zum Absatzmarkt (inländisch/ausländisch)
  - die Nähe zu den Rohstoffvorkommen und den Standorten der eisenverarbeitenden Industrie in Ostchina (vgl. thematische Karten im Atlas)
- Ausnahmestellung Chongqings aufgrund seiner Lage am Jangtsekiang und der Rohstoffvorkommen des roten Beckens
- unweit Chongqings der Drei-Schluchten-Staudamm, Zeichen für Bedeutung dieser Provinzhauptstadt für die wirtschaftliche Entwicklung Ostchinas
- zeitliche Komponente der Unternehmensgründungen:
  - Schwerpunkt 1990 bis 2001, Ausnahmen das chinesische Unternehmen FAW (1953) und die Vorreiter Daimler Chrysler (1984) und VW (1984)
  - bis auf Jili als erstem privaten, chinesischen Automobilproduzenten und FAW alle Gründungen durch japanische, US-amerikanische und europäische Automobilfirmen bzw. Joint Ventures
- Vergleich der zeitlichen Komponente mit M2:
  - die Gründungsjahre vieler Automobilunternehmen zwischen 1990 und 2001 in der Entwicklung der Pkw-Produktion abzulesen
  - Automobilproduktion Chinas vor 1990 nahezu unbedeutend (<100 000 Pkws), stetiger Anstieg bis 2001, im Jahr 2005 fast 3 Mio. Fahrzeuge
- Vergleich mit dem fast linearen Verlauf der Automobilproduktion in Deutschland in diesem Zeitraum: die Dynamik der wirtschaftlichen Entwicklung Chinas erkennbar, in keinem anderen Industrieland der Welt zu beobachten
- 2006: China bei Automobilproduktion vor Deutschland

Zu Aufgabe 2

- Struktur der Firmengründungen in China (M1 und M2): auffallend die Küstenorientierung der Automobilindustrie und der zeitliche Verlauf der Unternehmensgründungen
- Basis für Entscheidungen zur Gründung von Unternehmen Gewinn versprechende Standortfaktoren, politische Rahmenbedingungen, der zu erwartende Absatzmarkt sowie die mit der Produktion verbundenen Kosten
- von grundsätzlicher Bedeutung: Öffnung Chinas für ausländische Firmen (seit 1980 zunehmend); 1984 Ausweisung von Sonderzonen, 14 küstennahe Städte für ausländische Investoren geöffnet, darunter auch die 1984 gegründeten Automobilstandorte Beijing (Peking) und Nanjing
- seit 1990 Investitionsmöglichkeit für ausländische Firmen in nahezu allen Regionen
- Einrichtung eines nicht staatlichen, marktwirtschaftlichen Sektors und damit Liberalisierung des Handels durch den Beitritt Chinas zur Welthandelsorganisation (WTO) Ende 2001 (Prozess anhand von M1 nachvollziehbar)
- Ziel der Öffnung: durch ausländische Direktinvestitionen (ADI) Kapital für die eigene wirtschaftliche Entwicklung gewinnen, durch einen Technologietransfer die Qualität und das Spektrum der eigenen Produkte erweitern und Arbeitsplätze im Innland schaffen; Erreichung dieser Ziele unter anderem durch ein im Land vorhandenes, niedriges Lohnniveau und Steuererleichterungen bei der Ansiedlung von Industrien
- Strategie zur Gewinnung ausländischer Direktinvestitionen hauptsächlich ausgerichtet auf exportorientierte Industrialisierung (produktorientierte ADI)
- durch wirtschaftlichen Aufschwung Entwicklung eines Binnenmarktes, vor allem aufgrund der privaten Nachfrage zunehmend interessant für ausländische Investoren (siehe auch M3)
- Expansionspläne der Automobilkonzerne ebenfalls durch diese Entwicklung motiviert
- Wandel von einer exportorientierten zu einer auf den Binnenmarkt bezogenen absatzorientierten Produktion erkennbar (absatzorientierte ADI)
- entscheidend für die Suche nach dem Makrostandort innerhalb Chinas: Kalkulierbarkeit für Unternehmen und unmittelbar positive Auswirkung auf die Unternehmensbilanz
- durch die Kolonialgeschichte gute Infrastruktur im Küstenbereich Chinas, daher Erleichterung des Warentransports, Möglichkeiten zum Im- und Export durch Hafenstandorte
- transportiere Waren u. a. die Rohstoffe aus der Nähe (als Standortfaktor gera-

de der eisenverarbeitenden Industrie von Bedeutung; inländische Eisenerz- und Kohlevorkommen vor allem küstennah zu finden)
- küstennahe Standorte im Sinne der Standorttheorie von Weber als optimale Standorte
- Agglomerationsvorteile durch die Nähe zu Standorten der Eisen- und Stahlerzeugung und der Zulieferindustrie, auch die Nähe des chinesischen Binnenmarkts von Vorteil; Stützung entsprechender Aussagen anhand von geeigneten thematischen Karten möglich und sinnvoll

Fazit:
Fasst man die aufgezählten Aspekte zusammen, so stellt der Küstenraum Chinas nicht nur aus produktionsbezogenen Gründen sondern mittlerweile auch aus absatzorientierten Gründen einen Aktivraum der Industrieansiedlung dar, der in den nächsten Jahren verstärkt Ziel ausländischer Investoren sein wird.

Zu Aufgabe 3
geplanter Ausbau Shanghais:
- Shanghai bereits wichtigster Standort der Automobilindustrie in China
- deutliche Expansionspläne der Automobilindustrie aus M1 abzulesen
- Expansion zumindest zur Hälfte durch ausländische Investitionen finanziert (vgl. M1, M4), daher wahrscheinlich Abfluss eines großen Teils der erwirtschafteten Gewinne ins Ausland, kein Verbleib der Gewinne in der Region
- vermutlich Wohlstand in der Region Shanghai aufgrund des zu erwartenden Wirtschaftswachstums und der großen Zahl neu geschaffener Arbeitsplätze; abzulesen an steigendem PKE
- Folge: Ausbau der städtischen Infrastruktur
- durch die geplanten Investitionen (M4) weitere Betonung der Agglomerationsvorteile als Standortfaktoren, dadurch weitere Firmenansiedlung mit in- und ausländischem Kapital und langfristig positive Entwicklung der wirtschaftlichen Dynamik des Großraums Shanghai
- Probleme durch das wirtschaftliche Wachstum:
  - steigende Grundstücks- und Immobilienpreise
  - steigende Löhne
  - Gefahr einer Inflation durch eine erhöhte Nachfrage einer sich entwickelnden gesellschaftlichen Mittelschicht
  - Umweltprobleme durch erhöhte Abgasemissionen und einen geringer werdenden Naturraum als Ausgleichsfläche wahrscheinlich
- weitere Verschärfung der Disparität zwischen dem städtischen Küsten-China

im Osten und dem ländlichen Binnenland im Westen (vgl. Aufgabe 1) durch wirtschaftliches Potenzial der Region Shanghai und weiterer Küstenregionen
- Folge der ungleich verteilten Verbesserung der materiellen Situation der Bevölkerung: teilweise wachsende soziale Frustration und daraus resultierende Ausgleichsbewegungen (Migration)
- für Gesamt-China bei Fehlen von Gegenmaßnahmen wie der Förderung ländlicher Regionen durch ausländische Direktinvestitionen mit einer erhöhten Land-Stadt-Migration zu rechnen
- Wanderung beeinflusst von komplexem System von Faktoren, nach wie vor viele Gründe innerhalb des traditionellen Push-and-Pull-Modells zu sehen
- wahrscheinlich Überschreitung des Potentials zur Aufnahme von Migranten für Shanghai wie für andere Küstenstädte
- Folge: typische Merkmale einer Verstädterung: die Entstehung von Marginalsiedlungen an den Stadträndern, eine starke innerstädtische Segregation, dic Entstehung eines informellen Sektors oder auch eine steigende Kriminalität
- positive, wirtschaftliche Aspekte für Gesamt-China und den Großraum Shanghai gegenüber zu erwartenden, negativen Konzentrationseffekten
- mögliche Maßnahme: Alternativstandort zur Ansiedlung von Produktionsstätten mit entsprechenden, infrastrukturellen Maßnahmen; jedoch fraglich, ob Interesse bei der chinesischen Politik an einer solchen Entwicklung vorhanden ist und ob sich ausländische Unternehmen für ein solches Unterfangen gewinnen lassen
- Vergleich mit Detroit:
  - mögliche Entwicklung Shanghais aus Vergleich kaum zu prognostizieren
  - zwei Faktoren als Gegenargumente: erstens zum Zeitpunkt der Entwicklung Detroits zur „automobile city“ deutlich abweichende gesamtwirtschaftliche Struktur und Bevölkerungsverteilung, zweitens unterschiedliche Wirtschaftsstruktur (Vergleich thematischer Karten)
  - Detroit monostrukturell auf die Automobilindustrie ausgerichtet und daher entsprechend anfällig durch die Krise der Automobilindustrie
  - Shanghai mit deutlich diversifizierterer Wirtschaftsstruktur (siehe thematische Karten im eingeführten Atlas)

Fazit:

Zwar ist eine Steigerung der Abhängigkeit durch Förderung der Automobilindustrie in Shanghai wahrscheinlich, eine Entwicklung der Küstenregionen zu einem neuen „rustbelt“ im Fall einer Krise der Automobilindustrie ist jedoch nicht zu erwarten.

ORIGINAL-AUFGABE 20

Fachgebiet	Ausgewählte globale Problemfelder
Kapitel	Globalisierung der Wirtschaft
Thema	Computerhersteller DELL® als Global Player
Weitere Themenbereiche	Entwicklungszyklen der Wirtschaft Standortwahl
Niveau/Jahr	Leistungskurs/2008

Aufgabenstellung

Der Computerhersteller DELL® beschäftigte 2007 rund 78 000 Mitarbeiter an sechs Standorten. Darüber hinaus gibt es weltweit Kundenservicezentren für Beratung und technische Produktunterstützung. Das in den letzten Jahren erfolgreiche Produktionskonzept von DELL® war Vorbild für Nachahmer auf der ganzen Welt.

1. Beschreiben Sie in Grundzügen die Bedeutung des Computers als Basisinnovation im Sinne des „Modells der langen Wellen".
2. Begründen Sie mit fünf wesentlichen Argumenten den Wettbewerbsvorteil, den DELL® über Jahre hinweg durch sein Produktions- und Vermarktungskonzept erzielen konnte (M1, M2).
3. Überprüfen Sie die Aussage:
   „Die Produktionskonzepte zur externen Flexibilisierung *just-in-time* und *global sourcing* führen zu einer räumlichen Konzentration von Zulieferern."

Material

M1 Produktionsstandorte und Märkte von DELL®

Standort	Markt
Nashville (Tennessee) Austin (Texas)	für Nordamerika
Eldorado do Sul (Brasilien)	für Südamerika
Limerick (Irland)	für Europa, den Nahen und Mittleren Osten sowie Afrika
Penang (Malaysia)	für die Asien-Pazifik-Region mit Japan
Xiamen (China)	für China

M2 Das Produktions- und Vermarktungskonzept von DELL® (Build to Order)

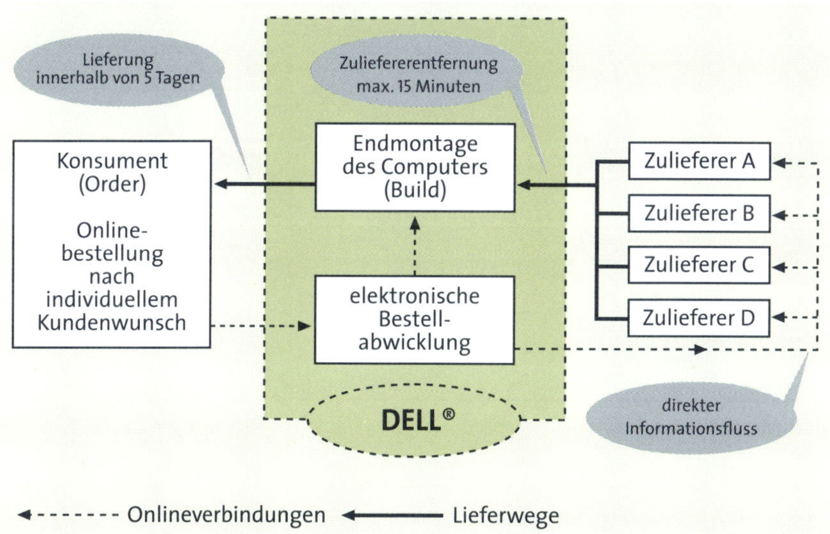

AKTIV-LÖSUNG 20

Anforderungsbereiche

Aufgabe	Anforderungsbereich	Bewertungseinheiten
1	I + II	4 von 20 / 20 %
2	II	10 von 20 / 50 %
3	II + III	6 von 20 / 30 %

Diese Aufgabe ist eine von drei zu bearbeitenden Aufgaben einer Abituraufgabe für einen Leistungskurs. Die Bearbeitungszeit für diese Aufgabe liegt bei ca. 60 – 75 Minuten.

Checkliste zur Selbsteinschätzung

Worüber Sie vor dieser Prüfung Bescheid wissen sollten	Alles klar	Noch einmal nachlesen
Modell der langen Konjunkturwellen von Kondratjew		
Fließschemata lesen und erfassen		
Produktionskonzepte		
Vermarktungswesen		
Distribution		
Standortfaktoren in der Wirtschaft		

Hintergründe auch im POCKET TEACHER ABI ERDKUNDE, Kapitel Disparitäten und Verflechtungen: Globale Verflechtungen und Globalisierung

Erwartungshorizont

- Modell der langen Wellen und ihre Basisinnovationen kennen und beschreiben
- kostengünstige Produktions- und Vermarktungsweisen in der Industrie kennen
- Produktionskonzepte *just-in-time* und *global sourcing* kennen und in räumlicher Wirksamkeit einordnen können

Lösungsschritte

Um die vorliegende Prüfung zu lösen, sind folgende Arbeitsschritte sinnvoll	Alles klar
Notizen zu Folgen der Entwicklung des Computers auf die Wirtschaft machen	
M1 und M2 durcharbeiten und Notizen zu Vorteilen im Vermarktungskonzept machen, fünf wichtige Argumente auswählen und ausarbeiten	
Notizen zu *just-in-time*-Produktion machen, räumliche Folgen dieser Produktionsart auf die Zulieferer darstellen	
Notizen zu *global-sourcing*-Produktion machen, räumliche Folgen dieser Produktion auf die Zulieferer darstellen	
Fazit ziehen	

Aktiv-Seite

Welche Standortfaktoren und Produktionsweisen wirken sich vorteilhaft auf die Zulieferer aus?

Was bedeutet *just-in-time*-Produktion?

Was bedeutet *global sourcing?*

Stichpunktlösung zum Vergleichen

Zu Aufgabe 1

- Basisinnovation der 5. Welle
- Wandel von Dienstleistungs- zur Informationsgesellschaft
- Entstehung neuer Hightechbranchen
- Rationalisierung in Industrie und Dienstleistungsbereichen
- Folge: starkes gesamtwirtschaftliches Wachstum
- Grundlage zur Globalisierung durch Datenaustausch

Zu Aufgabe 2

- preisgünstige Produktion und Vermarktung der Produkte durch:
  - Zeitersparnis und Sicherung von Marktnähe durch weltweite Produktionsstandorte
  - administrative und personelle Verschlankung und direkte Vermarktung durch E-Commerce ermöglicht
  - Outsourcing: Verringerung der Kosten und Risiken durch Verlagerung von Produktionsabschnitten auf Zulieferer
  - *just-in-time*-Produktion: Verringerung der Lagerkosten und Produktionszeit
  - Verkürzung der Transportwege durch Nähe der Zulieferer
- Kundenvorteile/Kundenzufriedenheit: individuelle Produktion und Onlinebestellung ohne lange Wartezeit und Fahrt

Zu Aufgabe 3

- Produktionskonzept *just-in-time:*
  - zeitgenaue Lieferung in der Produktionskette
  - kurze Lieferzeiten und flexibles Reagieren auf Kundenwünsche
  - Spezialisierung der Zulieferer und Nutzung von Agglomerationsvorteilen
- Produktionskonzept *global-sourcing:*
  - weltweite Verteilung der Zulieferer als Billiglieferanten
  - Bevorzugung von Billiglohnländern
  - Agglomeration selten von Vorteil, aber aufgrund anderer Faktoren, wie z. B. Hafennähe, möglich

FAZIT:

Die Aussage trifft auf das Produktionskonzept *just-in-time* zu, Agglomerationen und Clusterbildung werden begünstigt. Das Produktionskonzept *global sourcing* führt nicht unbedingt zu einer räumlichen Konzentration der Zulieferer.

Service

Abbildungen und Texte

Abbildungen

Ägypten und Äthiopien: Entwicklung der Bevölkerung in den Jahren von 1970 bis 2000 B1/Nr. 5
Ägypten: „New Towns" B1/Nr. 5
Ägypten: Veränderungen im Ausländertourismus B1/Nr. 5
Automobilhersteller: Produktionskapazitäten und Joint Ventures 2001 E5/Nr. 19
Automobilindustrie im Strukturwandel C1/Nr. 8
Automobilindustrie: Standorte der A. in Ostmitteleuropa C1/Nr. 8
Automobilstandort Deutschland in Gefahr? C1/Nr. 8
Berlin: Großwohnsiedlungen in Berlin D2/Nr. 13
Berlin: Neue Einkaufsstandorte im Agglomerationsraum D2/Nr. 13
Berlin-Marzahn D2/Nr. 13
Berlin-Marzahn: Projekt „Ahrensfelder Terrassen" D2/Nr. 13
Berlin-Marzahn: Projekt „Eastgate" D2/Nr. 13
Bio Sprit: Sprit aus Bäumen *B2/Nr. 6*
China: Entwicklung und Absatz der Pkw-Produktion E5/Nr. 19
Computerproduktion (DELL) E6/Nr. 20
Deutschland und Saudi-Arabien: Strukturdaten 2006 im Vergleich *B2/Nr.6*
Deutschland: Arbeitslosigkeit (2002) C3/Nr. 10
Deutschland: Einwohnerzahl, Technologie- und Gründerzentren und Hochschulen nach Bundesländern *C2/Nr. 9*
Deutschland: Schulden/Einwohner in € im Jahr 2004 *C2/Nr. 9*
Dubai Bevölkerung B3/Nr. 7
Dubai City B3/Nr. 7
Dubai: Klimadiagramm B3/Nr. 7
Dubai: Wirtschaft B3/Nr. 7
EU *C4/Nr. 11*
EU: Die Doppelung der Megalopolis C3/Nr. 10
EU: Reich und Arm/Arbeitslosigkeit C3/Nr. 10
EU: Zentrum und Peripherie in der EU C3/Nr. 10
Fischbestände weltweit E4/Nr. 18
Fischereiproduktion weltweit seit 1950 E4/Nr. 18
Fließgeschwindigkeit: Wirkung auf Materialien unterschiedlicher Korngröße A1/Nr. 1

Fluviatile Prozesse A1/Nr. 1
Golfstrom (Nordatlantik) E4/Nr. 18
Kairo: „10. Ramadan" – Beispiel einer Neuen Stadt im Großraum Kairo D3/Nr. 14
Kairo: Bevölkerungsentwicklung D3/Nr. 14
Kairo: Die Neuen Städte D3/Nr. 14
Mallorca: Unterkünfte im ländlichen Mallorca E1/Nr. 15
Mallorca: Beschäftigte der Balearen nach Wirtschaftssektoren E1/Nr. 15
Mallorca: Bevölkerungszahlen und Wachstumsindizes 1959-2001 E1/Nr. 15
Mallorca: Klimadiagramm Palma de Mallorca E1/Nr. 15
Mecklenburg-Vorpommern: Bevölkerungspyramide am 31. 12. 2004 *E2/Nr. 16*
Mecklenburg-Vorpommern: Reale und prognostizierte Bevölkerungsentwicklung 1990 – 2020 *E2/Nr. 16*
Primärenergieverbrauch in Deutschland nach Energieträgern *C2/Nr. 9*
Rohölpreise: Entwicklung 1960 bis 2003 *B2/Nr. 6*
Rohölweltmarktpreise 2006 – 2005 – 2004 *B2/Nr. 6*
Saarland/Lothringen: Strukturwandel in der Industrieregion *C2/Nr. 9*
Saarland/Lothringen: Wichtige Betriebsstandorte der Fahrzeugindustrie (2004) *C2/Nr. 9*
Sardar-Sarowar-Staudammprojekt E3/Nr. 17
Saudi-Arabien: Explorationsstätten des Bergbaus ohne Erdöl/Erdgas *B2/Nr. 6*
Saudi-Arabien: Daten zum Im- und Export *B2/Nr. 6*
Saudi-Arabien und Deutschland: Strukturdaten 2006 im Vergleich *B2/Nr.6*
Schweden: Energieversorgung *B2/Nr. 6*
Seoul: Klimadiagramm *A2/Nr.2*
Spanien: Die autonomen Gemeinschaften *C4/Nr. 11*
Spanien: Hygrologische Verhältnisse A4/Nr. 4
Spanien: Produktion und Vermarktung von Erdbeeren A4/Nr. 4
Spanien: Regionales Pro-Kopf-Einkommen im europäischen Vergleich E1/Nr. 15
Spanien: Touristen und Deviseneinnahmen aus dem Tourismus 1992 – 2003 E1/Nr. 15
Steinkohle: Kostenstruktur *C2/Nr. 9*
Südwesteuropa: Wirtschaft *C4/Nr. 11*
Thailand: Internationaler Tourismus E1/Nr. 15
VAE B3/Nr. 7
VAE: Erdöl und Erdgas (2002) B3/Nr. 7
VAE: Siedlungsentwicklung und Wirtschaftsausstattung B3/Nr. 7
Vancouver: Dienstleistungscluster und Großprojekte D1/Nr. 12

Vancouver: Entwicklung der Innenstadt D1/Nr. 12
Vancouver: Greater Vancouver Regional District (GVRD) D1/Nr. 12
Vancouver: Historischer Abriss / Bevölkerungsentwicklung D1/Nr. 12
Wachstumszonen: Thermische und hygrische Verhältnisse und deren Einfluss A3/Nr. 3
Wasser: Jährlich verfügbare Wassermenge pro Kopf in m^3 E3/Nr. 17
Weltbevölkerung und Wasserverbrauch 1959 – 2000 E3/Nr. 17

Texte

Dubai B3/Nr. 7
Mallorca: Sanfter Tourismus E1/Nr. 15
Norwegen: Marines Aquafarming E4/Nr. 18
Saudi-Arabiens: Arbeitsmarkt *B2/Nr. 6*
Schanghai baut Chinas Detroit E5/Nr. 19

Verwendete Original-Prüfungen

Der Abdruck der Original-Prüfungen erfolgt mit freundlicher Genehmigung der Ministerien.

Die Aktiv-Lösungen liegen nicht in der Verantwortung der Ministerien.

- Bayrisches Staatsministerium für Unterricht und Kultus
  A2, A3, A4, B1
- Hessisches Kultusministerium
  C2, C3, E1
- Kultusministerium Freistaat Thüringen
  B2, C1
- Ministerium für Bildung, Jugend und Sport (MBJS) Brandenburg
  D1
- Ministerium für Kultus, Jugend und Sport Baden-Württemberg
  A1, E3, E4, E6
- Ministerium für Schule und Weiterbildung (MSW) Nordrhein-Westfalen
  B3, D2, D3
- Niedersächsisches Kultusministerium
  C4, E2, E5

A

analysieren (Operator)	S. 39
Anforderungen	S. 18 ff.
Anforderungsbereiche	S. 23 ff.
anwenden (Operator)	S. 39
Aquafarming	E4/Nr. 18
Arbeitslosigkeit	C3/Nr. 10, *C4/Nr. 11, E2/Nr. 16*
Äthiopien	B1/Nr. 5
Atlas	S. 26, S. 28
aufzeigen (Operator)	S. 38
Automobilindustrie	C1/Nr. 8, *C2/Nr. 9*

B

Balearen	E1/Nr. 15
Baumwolle	*C4/Nr. 11*
beschreiben (Operator)	S. 38
bestimmen (Operator)	S. 38
beurteilen (Operator)	S. 42
Bevölkerungsentwicklung	B1/Nr. 5, D1/Nr. 12, *E2/Nr. 16*, E3/Nr. 17
Bewässerungsprojekte	A4/Nr. 4
bewerten (Operator)	S. 42
Blaue Banane	C3/Nr. 10
Bodentypen/-arten	A3/Nr. 3
Brennstoffe, fossile	*B2/Nr. 6*, B3/Nr. 7

C

charakterisieren (Operator)	S. 40
darstellen (Operator)	S. 38

D

Darstellungsformen	S. 17
Darstellungskompetenz	S. 18, S. 20
Demographie	B1/Nr. 5, *B2/Nr. 6*, D2/Nr. 13, D3/Nr. 14, *E2/Nr. 16*
Detailarbeit	S. 26
Devisen	E1/Nr. 15
Diagramme	S. 31 ff.
Dienstleistungssektor	D1/Nr. 12, E6/Nr. 20
diskutieren (Operator)	S. 42

Diversifizierung B3/Nr. 7
Dreiecksdiagramme S. 33

E

einordnen (Operator) S. 40
Energiewende *B2/Nr. 6*
Entspannungstechniken S. 12
entwickeln (Operator) S. 43
Entwicklungsländer B1/Nr. 5, D3/Nr. 14, E1/Nr. 15, *E2/Nr. 16*, E3/Nr. 17
EPA S. 23
erarbeiten (Operator) S. 40
Erdbeeranbau A4/Nr. 4
erklären (Operator) S. 40
erläutern (Operator) S. 40
ermitteln (Operator) S. 38
erörtern (Operator) S. 43
Erosion A1/Nr. 1
erstellen (Operator) S. 41

F

Fischereiwirtschaft E4/Nr. 18
Fließgeschwindigkeit A1/Nr. 1
Fluvioglaziale Prozesse A1/Nr. 1
Funktionswandel D1/Nr. 12

G

Glazial A1/Nr. 1
Gleichgewichtsprofil A1/Nr. 1
Globalisierung *B2/Nr. 6*, *C2/Nr. 9*, E5/Nr. 19, E6/Nr. 20
Grundkurs S. 22 f.
Gunst-/Ungunstfaktoren A2/Nr. 2, B3/Nr. 7

I

Industrialisierung der Landwirtschaft A4/Nr. 4
Industrieansiedlung E5/Nr. 19
Informationsauswahl S. 13
interpretieren (Operator) S. 39

K

Karten	S. 26 ff.
kennzeichnen (Operator)	S. 41
Klima	A3/Nr. 3
Klimadiagramme	S. 34 f.
Klimaklassifikation	A2/Nr. 2
Klimawandel	E4/Nr. 18
Klimazonen	*C2/Nr. 9*
Kohle	C1/Nr. 8
Kompetenzen	S. 18 ff.
Konflikte, soziale	D2/Nr. 13
Kontinuität	S. 13
Kulturerdteil	*C2/Nr. 9*

L

Landwirtschaft	*C4/Nr. 11*
Leistungskurs	S. 22 f.
Lernen in der Gruppe	S. 16
Lernplan	S. 13
Lernprogramme	S. 16
Lerntechniken	S. 15

M

Mallorca	E1/Nr. 15
Manufacturing Belt	C1/Nr. 8
Meeresströmung	E4/Nr. 18
Methodenkompetenz	S. 18, S. 26 ff.
Migration	D2/Nr. 13, D3/Nr. 14, *E2/Nr. 16,* E5/Nr. 19
Mindmaps	S. 15
Mittelmeerraum	A4/Nr. 4, E1/Nr. 15
Montanindustrie	C1/Nr. 8
Motivation	S. 12 ff.

N

Nachhaltigkeit	D1/Nr. 12
Nadelwald, borealer	A3/Nr. 3
Nährstoffkreislauf, geschlossener	A3/Nr. 3
Naturräumliche Voraussetzungen	A2/Nr. 2

nennen (Operator) S. 39
New Towns/Neue Städte B1/Nr. 5, D3/Nr. 14
Norwegen E4/Nr. 18

O

OPEC *B2/Nr. 6*
Operatoren S. 37 ff.
Orientierungskompetenz S. 18, S. 20
Osterweiterung *C2/Nr. 9*, C3/Nr. 10, *C4/Nr. 11*

P

präsentieren (Operator) S. 43
Problemlösung S. 23
Produktionskonzepte E6/Nr. 20
Push- und Pull-Faktoren E5/Nr. 19

R

Raumplanung D3/Nr. 14
Raumverhaltenskompetenz S. 18
reflektieren (Operator) S. 43
Regenwald, tropischer A3/Nr. 3
Regionalisierung C3/Nr. 10
Reorganisation S. 23
Reproduktion S. 23

S

Sachkompetenz S. 18, S. 19
Saisonarbeiter A4/Nr. 4
Saudi-Arabien *B2/Nr. 6*
Schlüsselindustrie C1/Nr. 8, *C2/Nr. 9*
Schweden *B2/Nr. 6*
Sedimentation A1/Nr. 1
Selbstmanagement S. 12 ff.
sinnentnehmendes Lesen S. 14
Sozialkompetenz S. 18, S. 21
Stadtentwicklung B1/Nr. 5, D1/Nr. 12, D3/Nr. 14
Stadterneuerung D2/Nr. 13
Standortfaktoren A2/Nr. 2, B3/Nr. 7, C1/Nr. 8, D2/Nr. 13, *E2/Nr. 16*, E5/Nr. 19, E6/Nr. 20
Statistiken S. 29 ff.

Staudammprojekte E3/Nr. 17
Stellung nehmen (Operator) S. 42
Strukturierung des Lernstoffs S. 14
Strukturwandel *C2/Nr. 9*, C3/Nr. 10, *C4/Nr. 11*, D1/Nr. 12
Subventionen *C4/Nr. 11*

T

Tabellen S. 29 ff.
Tertiärisierung B3/Nr. 7, C1/Nr. 8, C3/Nr. 10, D1/Nr. 12, D2/Nr. 13
Theorie der langen Wellen C3/Nr. 10, E6/Nr. 20
Thermoisoplethendiagramme S. 35 f.
Tourismus B1/Nr. 5, B3/Nr. 7, E1/Nr. 15
Transfer S. 23
Transformationsprozesse C1/Nr. 8, C3/Nr. 10
Tropen A3/Nr. 3

U

Überblick verschaffen S. 26
überprüfen (Operator) S. 44
übertragen (Operator) S. 41
Urbanisierung B1/Nr. 5

V

VAE B3/Nr. 7
Vegetation A3/Nr. 3
vergleichen (Operator) S. 41
Verkehrs- und Kommunikationsnetze B3/Nr. 7
Verkehrsprobleme D1/Nr. 12
Verknüpfung S. 26

W

Wachstumszonen/-phasen A3/Nr. 3
Wanderungsbewegungen *C2/Nr. 9*, D1/Nr. 12
Wasserversorgung A4/Nr. 4, E3/Nr. 17
Weltbevölkerung E3/Nr. 17
wiedergeben (Operator) S. 39
Wirtschaftspotenzial A2/Nr. 2

Z

Zeiteinteilung	S. 13
Zeitplan	S. 13
Zentrum und Peripherie/ Dezentralisierung	B1/Nr. 5, C3/Nr. 10
Zirkulation, planetarische	A2/Nr. 2
zuordnen (Operator)	S. 40

Hinweis: Kursiv gesetzte Angaben finden Sie auf der CD-ROM.